世界第一簡單
程序控制

藤瀧和弘◎著
大同大學機械系教授　葉隆吉◎審訂
高山ヤマ◎畫
TREND・PRO◎製作　陳銘博◎譯

漫畫→圖解→說明

● 前言 ●

在現代社會中的各個領域裡都看得到應用「自動控制」的機器。洗衣機和空調等日常家電製品裡也都有自動控制電路在其中運作，為我們帶來了舒適便利的生活。此外，機械自動化也替節省工廠生產線上的人力做出了莫大的貢獻。高樓大廈裡的電梯和十字路口的交通號誌也都有運用到自動控制。在我們的生活裡，自動控制就如上述般是不可或缺的存在。

自動控制的方式有許多種，而使用在交通號誌和電梯等設備上的「程序控制」則是其中最基本的一種。雖然在實際的控制裡，程序控制多半是利用微電腦來進行，但初學程序控制時應當要從使用電磁繼電器的控制學起。有一件事對理解程序控制的動作非常重要，那就是要能夠看著順序圖想像出實際的控制動作，而這光靠閱讀順序圖是不夠的，實際體驗控制電路的接線作業便是一個能夠幫助達成這目標的方法。

在本書中，我們讓漫畫裡的角色阿海實際使用電磁繼電器進行基本順序電路的接線作業。負責漫畫製作的TREND・PRO公司的工作同仁在繪製這段接線作業的劇情時，還使用電磁繼電器等實體零件將電路製作出來。請各位讀者也試著和阿海一同體驗實際的接線過程，親自體會程序控制電路的接線作業究竟是怎麼一回事。我想各位一定會對程序控制產生興趣的。

在此，我要向負責繪製漫畫的高山ヤマ老師及負責製作的TREND・PRO公司的各位夥伴致上最深的感謝。此外，我還要向給予我執筆編寫本書機會的OHM社開發局的夥伴們，由衷地說聲感謝。

2008年10月

藤瀧和弘

● 目 錄 ●

序幕　繭居女與多事男　　　　　　　　　　　　　　　　　　　1

第 1 章　控制　　　　　　　　　　　　　　　　　　　　9

手動控制與自動控制 ……………………………………………… 14

電子電路與控制電路 ……………………………………………… 17

接點的功用 ………………………………………………………… 21

接點的種類 ………………………………………………………… 23

延伸閱讀 …………………………………………………………… 27

什麼是自動控制？ ………………………………………………… 27

控制電路的基本 …………………………………………………… 30

基本的接點形式及其功用 ………………………………………… 32

第 2 章　程序控制　　　　　　　　　　　　　　　　　37

程序控制 …………………………………………………………… 40

以回饋控制動作的機器 …………………………………………… 44

延伸閱讀 …………………………………………………………… 49

從全自動洗衣機看程序控制 ……………………………………… 49

空調與回饋控制 …………………………………………………… 52

第 3 章　各種控制用元件　　　　　　　　　　　　　57

按鈕開關 …………………………………………………………… 60

搖頭開關 …………………………………………………………… 61

選擇開關 …………………………………………………………… 63

微動開關 …………………………………………………………… 64

電磁繼電器是？ …………………………………………………… 66

計時器是？ ·· 68

延伸閱讀 ·· 75

指令用元件 ·· 75

檢測用元件 ·· 78

控制操作用元件 ·· 80

指示用元件與警報用元件 ·· 87

第 4 章　階梯圖的繪製法　　　　　　　　89

縱繪式與橫繪式 ·· 93

元件的代表文字記號 ·· 96

連接處的表示方式與實際上的連接 ································· 98

讓階梯圖更容易閱讀 ·· 100

延伸閱讀 ·· 105

階梯圖繪製法的基本 ·· 105

階梯圖與文字記號 ·· 105

控制元件端子符號 ·· 109

階梯圖的位置參考法 ·· 109

如何閱讀階梯圖 ·· 111

找出程序電路故障原因的方法 ····································· 113

第 5 章　接點與邏輯電路　　　　　　　　115

何謂數位？ ·· 118

邏輯電路是？ ··· 122

延伸閱讀 ·· 138

二元信號 ··· 138

基本的邏輯電路 ·· 139

邏輯電路的代表圖形符號 ··· 143

利用NAND電路製作AND、OR、NOT電路 ····················· 146

第 6 章　繼電器程序控制的基本電路　149

指示燈的熄滅電路 ………………………………………………………… 155

有兩位答題者時 …………………………………………………………… 156

有三位答題者時 …………………………………………………………… 160

時序圖是？ ………………………………………………………………… 163

實際動手接接看 …………………………………………………………… 170

電梯的基本電路 …………………………………………………………… 179

延伸閱讀 ……………………………………………………………………… 185

基本電路與時序圖 ………………………………………………………… 185

使用計時器的定時動作電路 ……………………………………………… 189

次序動作電路 ……………………………………………………………… 190

馬達的運轉停止電路 ……………………………………………………… 192

索　引　198

序幕
繭居女與多事男

我剛搬進這棟叫做「espoir」的公寓。
雖然名字的意思是「希望」，但卻非常破舊。

而且，

不過也是因為這樣，房租才能比較便宜……

故障中！禁止使用

5F

不知道為什麼電梯一直是故障中？

搬來這裡後，只剩下房東還沒打過招呼。之前也沒見過面，不曉得房東是個怎麼樣的人？

順便問一下電梯的事好了。

601

森 日岐子

聽說6樓只有房東一個人住
……

您好，不好意思…
我剛搬到樓下，
我叫恩節海——…

卡 嚓

什麼事？

哇！

一點小心意，

以後請多多關照。

序幕 ● 繭居女與多事男　　3

4

抱歉！可是…電梯！對了！電梯不修嗎？

我想大家在搬進來前就都已經知道電梯是壞掉的才對。

緊抱！！

確實是那樣子沒錯…但是這對住在最頂樓的房東妳來說，很不方便不是嗎？

根本不需要修。

因為我並不會離開這裡！

不會離開這裡…難道妳都不出門的嗎!?

是的。沒有出門的必要

而且我也不想出門。

這個人…該不會是個繭居族*!?

繭居族房東!?

*註：指足不出戶、拒絕社交活動，過著自我封閉生活的人。

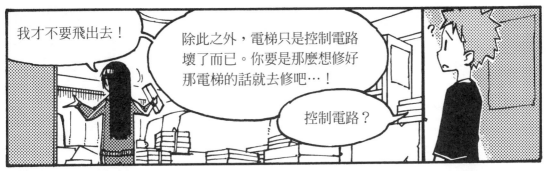

我才不要飛出去！

除此之外，電梯只是控制電路壞了而已。你要是那麼想修好那電梯的話就去修吧…！

控制電路？

那電梯能夠運轉，靠的是「程序控制」，是控制電路負責進行控制的。

就設置在屋頂的機械室裡。

程序控制？

？

那個——

什麼都不懂啊…真是個麻煩的傢伙……

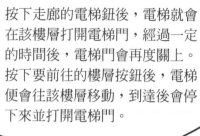

第1章
控　制

叮咚——

又是你…

教我上次講的程序控制啦～妳很了解不是嗎？電梯我會修好的。

為什麼我非得教你不可……

咦？你手上提的東西，該不會是……

是雛五屋的草莓大福？要不要一起吃？公平交換唷！

強勢

這男的……！

吞口水

10

不過書放得到處都是…

嗯？

你要是做出奇怪的事，在把你趕出去前我會先叫警察來唷！

臉紅

對不起…

咦？

對了，生活用品妳都是用網購的嗎？

小口吃　小口吃

沒錯！

垃圾則是拜託垃圾清潔公司上來收走。

再靠著租金和網路商務，收入也不成問題…的確是不需要出門也能夠生活呢！

不過!!雛五屋的草莓大福,在網路上是買不到的對吧!

沒錯!

等等…你來這兒應該不是爲了要打聽我的事吧?

塞滿嘴

我很喜歡吃這個草莓大福,已經不曉得有幾年沒吃過了。

啊!對!對!

是程序控制才對!

你好像連那個名詞的意思都不清楚的樣子,

只好從基本的東西開始講起了!

麻煩妳了!

手動控制與自動控制

像這樣子配合某一目的，針對對象物進行所需的操作，就叫「控制」。

我們想要房間亮一點時，會按下電燈開關將電燈點亮

想看電視時，則是操作搖控器將電視打開。

也就是…

開關的切換，對吧？

簡單說來就是那樣。

控制可大致區分為兩種，即「手動控制」和「自動控制」。

像切換電燈開關這種用我們的手來進行的控制，就叫手動控制。

而利用檢測亮度等條件的元件，使開關能夠自行切換的控制，就叫自動控制。

ON
OFF

原來如此。

比方說店家的看板！

天色變暗時，用手動打開開關，天亮時再將開關關掉，

這種控制就是手動控制。

眞是名副其實的手動呢！

不過這樣子既費事又麻煩，所以……

在用來點亮看板的電路裡，就搭配一種叫做自動明滅器的控制用元件，它能夠檢測亮度而自行切換開關

電源

自動明滅器

這麼一來，看板就能夠隨著亮度的變化，自動地亮起或熄滅。

這就是自動控制。

喔一！能自動切換的話，就方便多了。

店家一定也很高興吧！

點頭

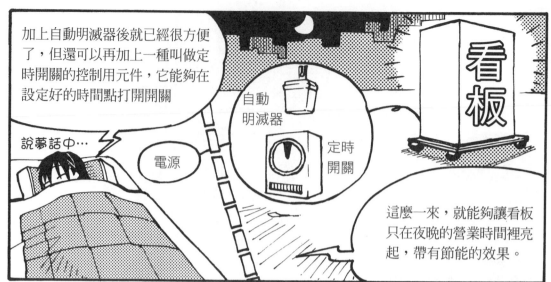

加上自動明滅器後就已經很方便了，但還可以再加上一種叫做定時開關的控制用元件，它能夠在設定好的時間點打開開關

說夢話中…

電源

自動明滅器

定時開關

看板

這麼一來，就能夠讓看板只在夜晚的營業時間裡亮起，帶有節能的效果。

真環保呢！還能夠善待地球！

這當然不是只有用在看板上，在很多以自動控制作動的機械上都可以看到。

比如洗衣機、空調等各種家電製品上，還有…

路上看得到的自動販賣機及交通號誌，大樓裡的電梯、工廠的生產線上，這些地方都有使用到自動控制！

這麼一想，就讓我們和控制之間的距離一下子拉近了許多呢！

和控制之間的距離…

電子電路與控制電路

想要學控制電路，就必須知道什麼是「電子電路」。

電子電路嗎？

就是指電的通路，簡稱「電路」。

只要在乾電池的兩端用電線接上小燈泡，中間再接上開關，就能夠完成一個簡單的電路！

開關

小燈泡

乾電池

這個電路，能夠利用開關的操作來點亮和熄滅小燈泡，因此也是一個「控制電路」。

像手電筒裡頭也是個不簡單的控制電路吧！

OFF

ON

消失ツ

對不起

請不要再像剛剛那樣隨便把玩別人家的東西。

在手電筒的電路裡，乾電池具有令電產生流動的壓力，也就是「電壓」的裝置，也被稱為「電源」。

電流

小燈泡則是會在電流過時發光的裝置，稱為「負載」。負載擁有「電阻」，而電阻則會阻礙電流的流通。

嗯！

電壓

電源

ON！

亮

負載

電阻

讓人想起了以前上的自然課。

嗯嗯

一接上開關，就會有電從乾電池的正極流向負極，這樣小電燈泡就會發光。

這種電的流動就叫「電流」。

耶～

我回來了

流通的電流大小會和電源電壓的大小成正比，和負載電阻的大小成反比。

這叫做「歐姆定律」。

好像有聽過的樣子……

在電路接上乾電池，所流通的是方向和大小都始終維持不變的電流，這種電流稱為「直流」。

與之相對的，

插座的電，它的流動方向和大小則是會隨著時間而變化，這種電流稱為「交流」。

直流

交流

＋

電流

時間→

－

時間

這些我也有聽過，但為什麼要特地弄出直流和交流兩種類型的電流呢？

？

點頭！

事實上，大部分電器內部的電路都是用直流驅動的。

那麼…

不就應該是只要有直流就夠了嗎？

發電廠產生的電要能夠有效率地送到遠處，就必須讓電壓反覆升降。

這時候如果使用的是交流，就能夠以變壓器這種構造較為簡單的裝置來令電壓產生升降，因此，發電廠所生產的電向來都是交流電。

雖然我們也可以讓直流的電壓產生變化，但所需要的裝置比變壓器要複雜得多。

原來如此！

使用直流電源還是交流電源，要配合電路裡的負載來決定。

● 接點的功用

操作開關就能讓內部的「電極」碰在一起或分開，也就能夠讓電流流通或停止。

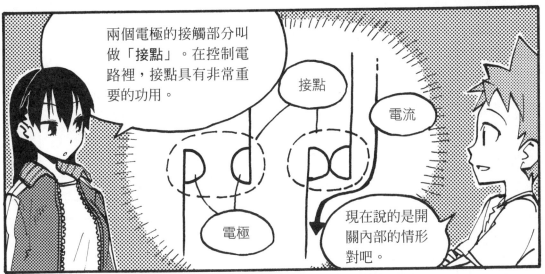

兩個電極的接觸部分叫做「**接點**」。在控制電路裡，接點具有非常重要的功用。

接點

電流

電極

現在說的是開關內部的情形對吧。

小燈泡會因為接點的開閉而點亮或熄滅。

卡嗒卡嗒

嗚!?

也就是說，我們能夠利用接點的動作來控制這電路！

若是以手動方式進行接點的開閉，就是手動控制。而若是利用控制用元件令接點自動進行開閉，就是自動控制。

原來如此！

不過妳照得我眼睛睜不開了啦！

例如，在接點上搭配會因溫度變化而彎曲的「雙金屬片」，

接點就會因為溫度的高低而自動開閉

← 雙金屬片

電流

接點斷開

就能使小燈泡點亮或熄滅。

哦！

該不會電暖桌就是利用這樣的原理？

沒錯！只要把小燈泡換成電熱器，就能製作出像電暖桌這種

會依據溫度變化，自動啟動或關掉電熱器的電器。

● 接點的種類

關於接點……
主要可分為三種。

第一種叫做「a接點」，是種在動作前處於斷開狀態的接點。

這種接點一旦動作，接點就會閉合，使電流能夠流通，電路就會工作。

A 接點

平常為斷開的接點

動作前　　動作後
　　　　　接通

在德語裡，「工作」的單字是arbeit，所以就用這單字的第一個字母的 a 來稱呼這種接點。

另外，a 接點在 JIS*（日本工業規格）裡叫做「**make接點（開接點）**」。

嗯！

原來如此

第二種接點叫做「b 接點」。

這種接點在動作前是處於閉合的狀態。使用這種接點，電路會從一開始就在工作，而當接點動作時，接點會斷開，遮斷電流的流通。

b 接點的 b 是取自 break contact（將電路斷開之意）的第一個字母。

另外，在 JIS 裡它叫「break 接點（常閉接點）」。

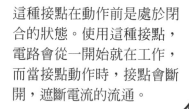

b 接點

平常為閉合的接點

動作前

動作後斷開

…

難不成！

a 接點之後是 b 的接點，那麼接著要登場的就是…

…

「c 接點」是一種結合 a 接點與 b 接點的接點，

具有切換電路的功能。c 則是取自 change-over contact（切換接點）的第一個字母 c。

C 接點

這種接點一般是稱做 transfer 接點，

在 JIS 裡則稱爲「切換接點」。

另外，在繪製順序電路時，要使用 JIS 所制定的接點的圖形符號繪製，這樣才能讓每個人都能看得懂電路的意義。

JIS 圖形符號

開接點	常閉接點	切換接點
（a 接點）	（b 接點）	（c 接點）

要記的東西好多啊～

講了好久，今天就先上到這裡吧。

轉身

妳剛剛說了「今天」對吧？

呃

那麼我還會再來，就再麻煩妳繼續教我囉！！

耶～！

這下糟了…

第1章　延伸閱讀

● 什麼是自動控制？

所謂的控制，JIS中將它定義為「配合某一目的，對控制對象施加所需的操作」。例如，為了讓房間能夠明亮一點，就操作開關把屬於控制對象的電燈點亮，這也是一種控制。

控制是
「配合某一 目的 ，對 控制對象 施加 所需的操作 」

　　　　 提高亮度　　　 電燈　　　　 按下開關

控制主要可以分成「手動控制」和「自動控制」兩個種類。

用手操作，令電路開閉的接點來點亮電燈的控制叫做手動控制，而利用自動明滅器等控制用元件來點亮電燈的控制叫做自動控制。

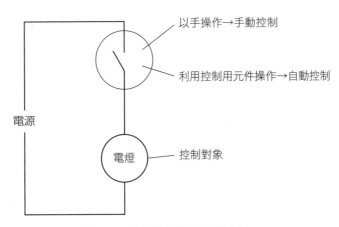

●圖 1.1　手動控制與自動控制

另外，在JIS中，手動控制的定義爲「由人工以直接或間接的方式決定操作量的控制」，自動控制的定義爲「構成控制系統，且自動進行的控制」。

●表 1.1　JIS（日本工業規格）

控制	配合某一目的，對控制對象施加所需的操作
手動控制	由人工以直接或間接的方式決定操作量的控制
自動控制	構成控制系統，且自動進行的控制

將電燈與自動明滅器組合起來，就能夠令電燈自動依據四周的亮度而亮起或熄滅。構造最簡單的自動明滅器是由光感測器、加熱器、雙金屬片及接點等元件所構成。

光感測器常會選用一種稱爲硫化鎘元件（Cds cell）的零件，它具有受光線照射時電阻值就會變小的性質。

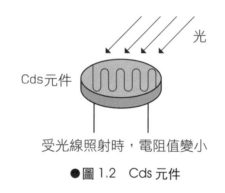

●圖 1.2　Cds 元件

雙金屬片是由兩種不同熱膨脹率的金屬板貼合而成的零件，因熱膨脹率的差異，溫度的變化會令其發生彎曲。

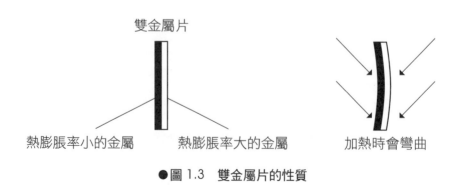

●圖 1.3　雙金屬片的性質

自動明滅器的動作原理如下。當四周的亮度提高時，Cds元件的電阻值便會變小，使電流流過和光敏電阻串聯連接在一起的加熱器，加熱器生熱使雙金屬片溫度升高而彎曲，接點因而斷開使電燈熄滅。當四周變暗時，Cds元件的電阻值會變大，流過加熱器的電流會減少，雙金屬片溫度降低而回復成原狀，接點再度接通，將電燈點亮。

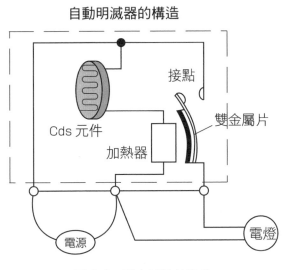

●圖1.4　雙金屬片的動作

　　若在上述電路裡再增設定時開關，就能夠讓電燈只在預先設定好的時間帶點亮。定時開關是一種內部設置有24小時制的時鐘，及會在所設定的時間點接通開關的控制用元件。

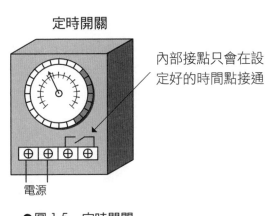

●圖1.5　定時開關

例如，設定成接點會在下午 5 點鐘到晚上 11 點鐘這段期間接通，等時間一到下午 5 點鐘，定時開關的接點便會接通，若加上四周也暗了下來，自動明滅器的接點也會接通，電燈就會亮起。

到了晚上 11 點鐘，就算自動明滅器因為四周昏暗而仍舊保持著接通狀態，但由於定時開關的接點在這時會斷開，所以電燈會熄滅。藉由如上述般組合複數個控制用元件的接點，便能夠製作出更加方便的控制電路。

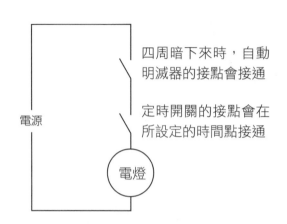

四周暗下來時，自動明滅器的接點會接通

定時開關的接點會在所設定的時間點接通

電源

電燈

將自動明滅器與定時開關的接點串聯連接使用，只有在兩者的接點都接通時，電燈才會點亮。

●圖 1.6　自動明滅器與定時開關的接點

● 控制電路的基本

控制電路的電源，需配合所使用的元件，選擇正確電壓的直流電源或交流電源。直流的電流大小和方向始終是固定的，乾電池就是一種直流電源。交流的電流大小和方向則會有週期性的變化，通常家裡所使用的電燈和插座的電源就是交流電源。

一般而言，在表示控制用元件所使用的電源時，會以簡稱的 AC（Alternating Current）表示交流，以簡稱的 DC（Direct Current）表示直流。

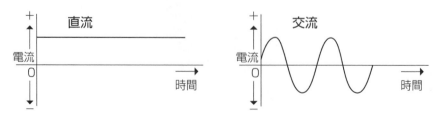

●圖 1.7　直流與交流

控制電路的電源必須使用適合於所使用的控制用元件的電源。例如，如果使用的是操作電壓為交流 200V 的控制用元件，那就一定要使用交流 200V 的電源。

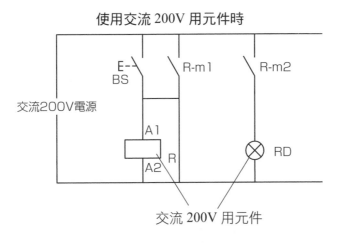

使用交流 200V 用元件時

●圖 1.8　交流 200V 用元件

此外，為了讓電源電壓直接施加於與控制電路連接的元件上，所有的元件都必須與電源並聯連接。

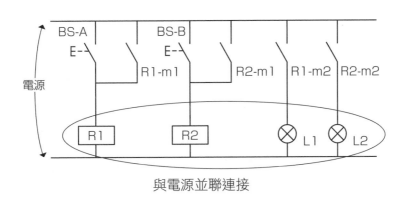

●圖 1.9　並聯連接

要是將各元件與電源串聯連接，則電源電壓就會被各元件所分壓，導致施加在各元件上的電壓低於各元件的規定值，如此便無法產生該有的動作。

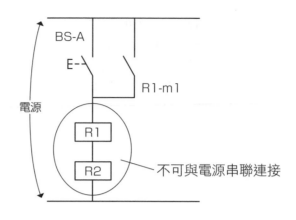

●圖 1.10　串聯連接

● 基本的接點形式及其功用

　　控制電路利用控制用元件內部所設置的接點之開閉來控制各式負載。接點有三種
基本種類，分別是開接點（make contact）、常閉接點（break contact）、切換接點
（change-over contact）。控制電路就是由這些接點的單體或組合複數個而構成。

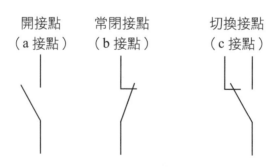

● 圖 1.11　JIS 圖形符號

　　開接點一般稱為 a 接點（arbeit contact），在動作前是處於斷開的狀態，動作時則
閉合。

　　在開接點與電燈相連接的電路中，當接點作動而閉合時，電燈便會點亮。

　　由於開接點平常是斷開的，而且又稱為常開接點（normally open contact），在控
制用元件上就會以 NO 來表記。

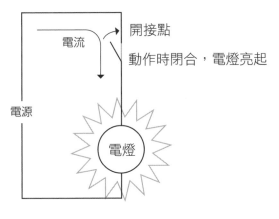

●圖 1.12　開接點

常閉接點一般稱爲 b 接點，在動作前是處於閉合的狀態，動作時則斷開。

在常閉接點與電燈相連接的電路中，只要接上電源，電燈就會亮起，而當接點作動斷開時，電燈便會熄滅。

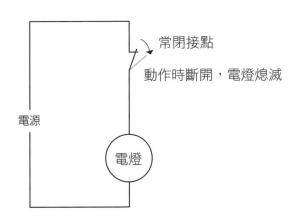

●圖 1.13　常閉接點

由於 b 接點平常是閉合的，故稱爲常閉接點（normally closed contact），在控制用元件上就以 NC 來表記。

切換接點是具有開接點和常閉接點兩個功能的接點，一般稱爲 c 接點或 tranfer 接點（transfer contact）。切換接點中，閉合與斷開的共用端子稱爲 common 端子（common terminal），這個端子是接點的切換軸。在控制用元件上會以 COM 來表記 common 端子。

切換接點

共用端子
（Common）

●圖 1.14　common 端子

切換接點使用在電路的切換等用途。

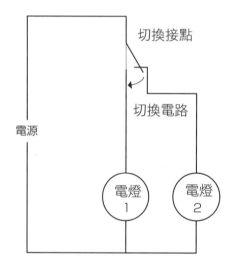

電源

切換接點

切換電路

電燈
1

電燈
2

將接點切換至另一
方時，就會換該方
的電燈亮起。

●圖 1.15　切換接點

　　接點在控制電路中的功用非常重要，如果接點壞了，就等於整個控制裝置故障了。

　　當有負載電流流通，而接點斷開時，接點的兩個電極之間會產生一種溫度很高的電弧放電（arc discharge）現象，這現象會造成接點的摩耗和損壞（圖 1.16）。因為這個原因，各元件的接點都會規定「接點容許值」（接點規格），用來表示開閉動作時的電流和電壓的操作範圍值。

尤其是在大負載的控制電路中，選用控制用元件時必須要考慮到接點容許值才行。

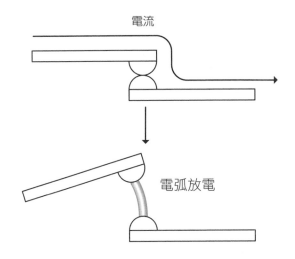

電流

電弧放電

接點斷開時，兩接點間的
電位差會引起電弧放電，
是一種在兩接點間仍實際
有電流流通的現象。

●圖 1.16　接點間的電弧放電

第2章
程序控制

妳好！

那個呢？

那個…？

…

我、我……
我把那個買來
了唷！！

…

打擾了。

看來你真的想
要繼續學⋯

當然囉！

我對程序控制本
身也開始感到興
趣了！

那麼⋯今天就來談
程序控制好了。

是！

● 程序控制

自動控制大致上能夠分成程序控制和回饋控制兩種。

我們先從程序控制開始。

是！

例如，全自動洗衣機裡面就有使用程序控制。

放入洗衣劑並按下開始鈕後，全自動洗衣機就會自動地一步一步進行如下的洗衣步驟。

好方便呢！不過我用的還是傳統的洗衣板…

開始 ➡ 注水 ➡ 洗衣 ➡ 洗清 ➡ 脫水 ➡ 洗衣完成

洗衣步驟

像這樣以預先決定好的順序一步步進行各個階段的控制，就叫「程序控制」。

順帶一提，程序控制在 JIS 裡的定義是「照預先決定好的順序或手續，逐步進行各個階段的控制」。

① 開始
② 注水
③ 洗衣
④ 洗清

咚

不理我！

「順序」這個詞包含了連續及次序的意思！

啊、是！

逼進

全自動洗衣機裡有一種裝置叫注水閥，注水閥動作時就能將水注入水槽裡，如此便不需要我們用手去打開水龍頭。

還有水位開關，它是檢測壓力用的感測器，負責確認水位是不是已經達到預定高度，所以我們不需要像以前一樣用眼睛來確認水位。

人力都被各種機械裝置給取代掉了呢。

轉

而洗衣服的工作則是交由馬達帶動洗衣盤旋轉，製造出水流沖洗衣物。洗衣盤是一種帶有翼片的圓形盤。

脫水作業則是由馬達帶動脫水槽旋轉，產生離心力，將衣物上的水分甩出。

此外，洗衣槽裡的水，要貯水或是要排水，則是由稱為排水閥的裝置所控制。

原來如此…

水龍頭　注水管

主控板

水位開關

注水閥

排水閥

排水管

洗衣盤

馬達

這麼看來，洗衣機的構造也是非常複雜的呢。

在全自動洗衣機裡，從開始洗衣到洗衣完成，每一步驟的次序，從一開始便已經記憶在主控板中了。

這種按步驟次序進行的控制就叫「次序控制」。

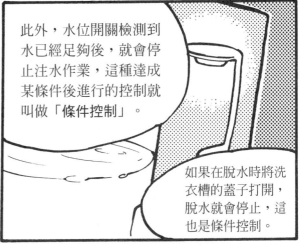

此外，水位開關檢測到水已經足夠後，就會停止注水作業，這種達成某條件後進行的控制就叫做「條件控制」。

如果在脫水時將洗衣槽的蓋子打開，脫水就會停止，這也是條件控制。

另外，

讓洗衣盤在洗衣步驟中只轉動預設的時間長度，這種按時間進行的控制叫做「定時控制」。

次序控制、步驟控制、還有定時控制啊…

一般而言，程序控制就是由這三種控制組成的。

● 以回饋控制動作的機器

接著我們來講回饋控制…

回饋控制是什麼東西啊？

藉由「回饋」進行控制量和目標值的比較，再進行修正的動作讓兩者能夠一致的控制，

就叫「回饋控制」！

拿起

好像聽懂了又好像聽不懂…

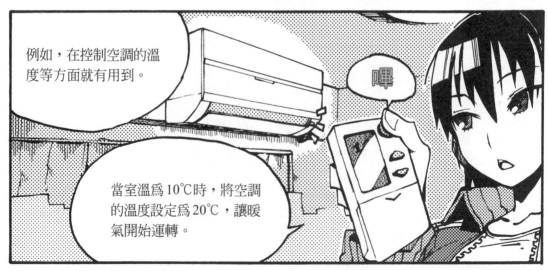

例如，在控制空調的溫度等方面就有用到。

嗶嗶

當室溫為 10℃時，將空調的溫度設定為 20℃，讓暖氣開始運轉。

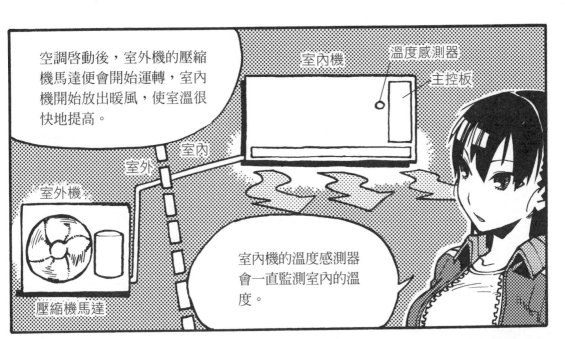

空調啓動後，室外機的壓縮機馬達便會開始運轉，室內機開始放出暖風，使室溫很快地提高。

室內機

溫度感測器

主控板

室內

室外

室外機

壓縮機馬達

室內機的溫度感測器會一直監測室內的溫度。

一旦室內溫度達到了20℃，溫度感測器便會檢測出來，並將這結果傳送給控制電路，

停

下

令室外機的馬達停止運轉。

如果室內溫度就這麼一直停在20℃沒有變化，那麼空調的工作就會到此結束……

但實際上，一旦暖氣停止供給，室溫就會再度降低。

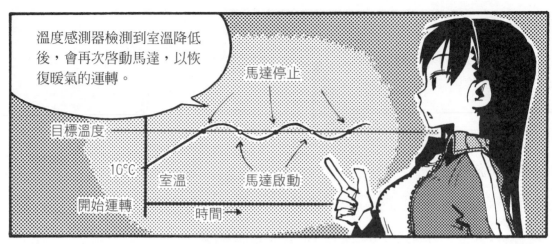

溫度感測器檢測到室溫降低後，會再次啓動馬達，以恢復暖氣的運轉。

馬達停止

目標溫度

10℃

室溫

馬達啟動

開始運轉

時間→

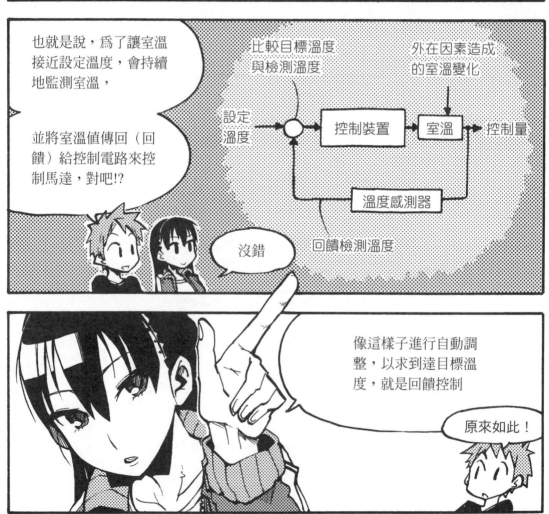

也就是說，爲了讓室溫接近設定溫度，會持續地監測室溫，

並將室溫值傳回（回饋）給控制電路來控制馬達，對吧!?

比較目標溫度與檢測溫度

外在因素造成的室溫變化

設定溫度

控制裝置

室溫

控制量

溫度感測器

回饋檢測溫度

沒錯

像這樣子進行自動調整，以求到達目標溫度，就是回饋控制

原來如此！

實際上，空調的溫度控制並不只是單純地讓馬達啓動或停止而已。

空調的運轉過程中，還會令馬達的轉速做連續性變化，以減少室溫的變動。

唔—

繭居的生活也是由各種控制元件維持著才能成立的呢！

我不否認。

正好告一段落，今天就到此爲止。

糟糕…！

沉一默…

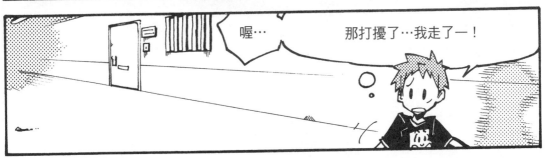

喔…

那打擾了…我走了—！

不是說過今天的課上完了…

呼呼呼

當晚…

什麼事？

這是要分給妳的燉馬鈴薯！很好吃唷！

給

食物我從網路上就都可以…

我曉得啦。先嚐嚐看吧！就這樣！

碰

真是個很多管閒事的人……

●第**2**章　延伸閱讀

●從全自動洗衣機看程序控制

　　自動控制大致上可分成兩種，即在交通號誌和全自動洗衣機等設備中所使用的程序控制、以及在空調和電熱裝置等中所使用的回饋控制。

●圖 2.1　自動控制的分類

　　全自動洗衣機的注水、洗衣、洗清、脫水等各步驟，洗衣機都會自動進行。像這樣以預先決定好的順序進行各步驟的控制，就稱為程序控制。

　　十字路口的紅綠燈會以紅、綠、黃的順序亮燈，這也是程序控制。此外，按下牆壁上的按鈕開關，電梯的車廂就會降下，車廂到達後，電梯門會打開，這樣的電梯動作同樣有使用到程序控制。

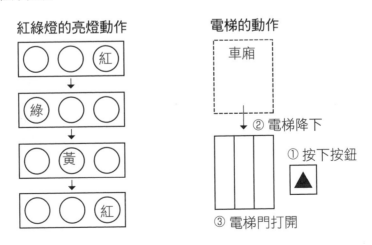

●圖 2.2　紅綠燈・電梯的動作

程序控制：JIS的定義

按照預先決定好的順序或手續，逐步進行各個控制階段的控制

程序控制又可以分成 3 種：定時控制、條件控制、程序控制。

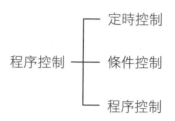

●圖 2.3　程序控制的分類

■定時控制

在全自動洗衣機的洗衣步驟中，只會進行預先設定在控制電路裡的時間長度的洗衣動作。這種設定好動作時間的控制方式稱為定時控制或時間控制。全自動洗衣機的洗清步驟和脫水步驟也都有使用到定時控制。

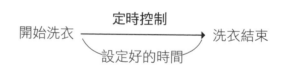

●圖 2.4　洗衣步驟的定時動作

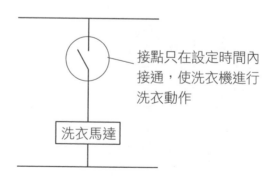

●圖 2.5　洗衣步驟與定時動作

■條件控制

　　水位一到達設定的位置時，水位開關便會檢測出來而停止注水，然後進入下一個步驟——洗衣步驟。像這樣，當設定的條件成立時便前進到下一步驟的控制方式，就稱為條件控制。條件成立與否的檢測，會使用水位開關之類的檢測元件。

　　若在脫水的程序中打開洗衣機的蓋子，開蓋開關就會檢測到蓋子被打開了而停止脫水的行程，這個動作也是條件控制的結果。

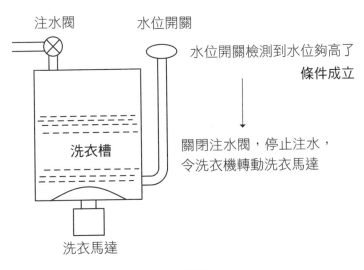

注水閥　　　　　水位開關

水位開關檢測到水位夠高了

條件成立

關閉注水閥，停止注水，
令洗衣機轉動洗衣馬達

洗衣槽

洗衣馬達

●圖 2.6　條件控制

水位開關檢測到水位已到，進行動作的切換

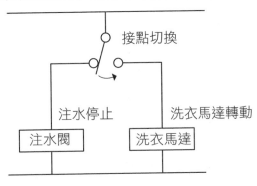

接點切換

注水停止　　　　洗衣馬達轉動

注水閥　　　　洗衣馬達

●圖 2.7　水位開關與條件控制

■次序控制

全自動洗衣機的標準洗衣程序的步驟，從一開始便已經設定在控制電路裡了。這種按照設定次序進行各個步驟的控制步驟，稱為次序控制。在次序控制中，從某一動作進入下一動作時，會用到感測器等檢測用元件。

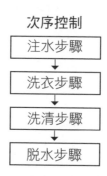

次序控制

| 注水步驟 |
| 洗衣步驟 |
| 洗清步驟 |
| 脫水步驟 |

●圖 2.8　全自動洗衣機的次序控制

如上述，全自動洗衣機是一種使用到定時控制、條件控制、次序控制三種控制方式，使洗衣過程的所有步驟都自動執行的電器。

● 空調與回饋控制

為了讓室溫接近所設定的空調溫度，利用設置於室內機的溫度感測器來量測室溫，並將量測值傳回（回饋），與目標值進行比較，依比較結果控制馬達的轉動，藉此調整室溫。像這樣藉由回饋，比較控制量與目標值、使兩者達到一致的控制，就稱為回饋控制。

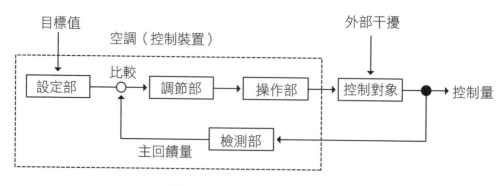

●圖 2.9　空調的回饋控制

電熱水壺和電暖桌的溫度控制也有使用到回饋控制。

回饋控制：JIS的定義

藉由回饋進行控制量與目標值的比較，產生使兩者達到一致的控制

以回饋控制使控制量接近目標值的動作，可以分成三種：比例動作（P動作：Proportional）、積分動作（I動作：Integral）、以及微分動作（D動作：Differential）。

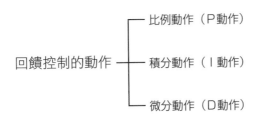

●圖 2.10　回饋控制的動作

有些空調的馬達輸出永遠是固定的，是以馬達的啟動（on）／停止（off）來控制室溫。這種控制方式稱為開閉（on／off）控制，或者稱為雙位控制（on-off control）。因為這種控制是等到室溫達到目標值後，溫度感測器才會起作用通知馬達停止，所以室溫常常會超過目標值，就算操作再久，室溫還是無法和設定的溫度一致。

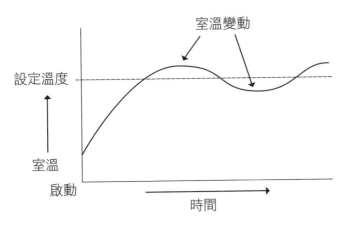

●圖 2.11　空調採用 on ／ off 控制時的室溫變化

相對於前一種控制方式的空調，最近的空調則是令馬達的轉速連續變化，藉此令輸出也能夠連續變化。若在這種空調中使用比例控制、積分控制、微分控制，就能夠建立讓室溫更加接近設定溫度的運轉控制。

　　首先，所謂的比例控制，是指先取得參考室溫與目標值的差值，再進行和該差值大小成比例的操作。例如，當啟動空調時，如果室溫與設定溫度之差（偏差）較大，就令馬達以高輸出進行運轉，等到室溫與設定溫度漸漸接近時，因差值縮小了，所以也令馬達的輸出成比例地減小，從而能夠讓室溫接近目標值。

　　然而，這種比例控制雖然能夠使室溫接近目標值，卻存在著無法使室溫和目標值完全一致的缺點。

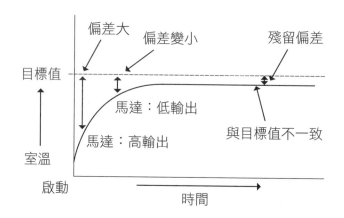

●圖 2.12　空調採比例動作（P 動作）時的室溫變化

　　這種些微的偏差稱為殘留偏差（offset），要消除這殘留偏差，我們就要使用積分控制（I控制）。所謂的積分控制，是指以和殘留偏差的時間積分值成比例的方式控制馬達的輸出，以使殘留偏差變為 0。

　　在空調的溫度控制中，啟動時使用比例控制讓室溫接近設定溫度，然後再使用積分控制，就能夠使室溫與設定溫度一致。這種比例控制與積分控制一起使用的控制稱為比例積分控制（PI動作）。

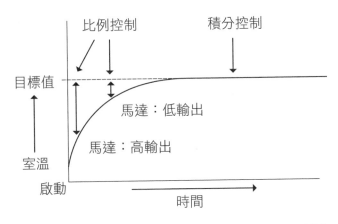

●圖 2.13　比例積分動作（PI動作）下的室溫變化

　　實際上，空調的溫度控制，還必須迅速因應室外氣溫變化、門窗的開關所造成的室溫變化等外部干擾因素。針對這些外部干擾，我們以微分控制來因應。所謂的微分控制，是指在室溫因外部干擾等因素而開始變化時，先取得參考設定溫度與室溫之偏差的微分值，再以和該微分值成比例的方式調整馬達的輸出，趁偏差還小的時候進行修正動作，藉此防止室溫出現大幅變動。

　　例如，在暖氣運轉中開門，造成室溫突然開始降低時，就立即提高馬達的輸出讓室溫回到設定溫度，這樣的動作就是微分控制。

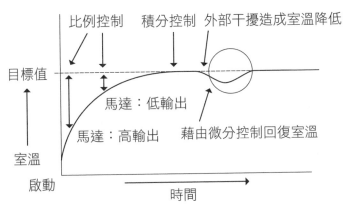

●圖 2.14　微分控制下的室溫變化

　　上述這種在比例積分控制之外再加上微分控制的做法稱為PID控制（比例積分微分控制），許多的控制裝置都有使用到這樣的控制。

第 3 章
各種控制用元件

雖然心想我為什麼非得要幫他上課不可呢？

但不曉得為什麼，一看到他我就會覺得很安心…

妳有在聽嗎？

驚

啊！

有啊…

那麼，今天要繼續上次講的部分。

是！

來概略說明一下進行控制時所使用的元件。

按鈕開關

叮—咚—♪

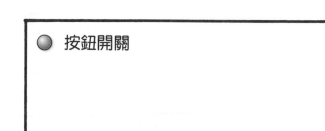

首先是，

「按鈕開關」。

要讓機械啓動或停止，會使用按鈕開關之類的指令用元件。

對講機上面的也是按鈕開關嗎？

是的。

你已經按過了好幾次的我家的對講機，上面的也是按鈕開關。

六次

…哈哈哈

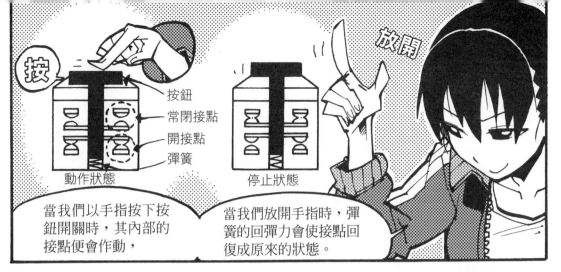

按

放開

按鈕
常閉接點
開接點
彈簧

動作狀態　　　　　停止狀態

當我們以手指按下按鈕開關時，其內部的接點便會作動，

當我們放開手指時，彈簧的回彈力會使接點回復成原來的狀態。

按鈕開關的 JIS 圖形符號

開接點　　　　常閉接點

E-ー\　E-ー\

按鈕開關的 JIS 接點圖形符號長得像這樣子。

一看到這種圖形符號，就有一種自己正在學很專業的東西的感覺呢！

● 搖頭開關

接著是「搖頭開關」，

也有人叫它「掀動開關」。用手指扳動桿柄來讓內部的接點作動。

這開關非常地有機械感呢!

應該是說,開關這東西整體上就帶著很多讓男性心生嚮往的要素呢!

是…是嗎?

啪

總之,

扳動搖頭開關的桿柄使接點切換後,接點就會一直保持在這狀態,並不會因為手放掉而改變。要使接點回復成原來的狀態就必須要用手再扳動一次。

這個開關常用在電源的開關和電路的切換上。

搖頭開關

操作桿

端子

搖頭開關的 JIS 圖形符號

開接點　　常閉接點

搖頭開關的 JIS 接點圖形符號就像這樣。

62

● 選擇開關

「選擇開關」是種藉由扭轉旋把來使內部的接點作動的開關，常使用在如機械的手動與自動切換等電路的切換上。

啊！

微波爐上就有這種開關！

點頭

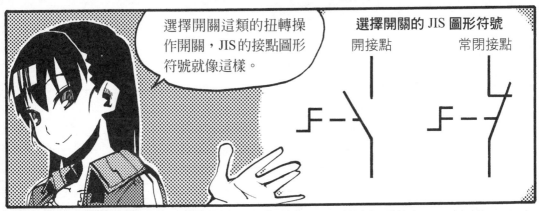

選擇開關這類的扭轉操作開關，JIS的接點圖形符號就像這樣。

選擇開關的 JIS 圖形符號

開接點　　　　　　常閉接點

● 微動開關

檢測位置、溫度、壓力等條件的時候,會使用檢測用元件。

例如,針對物體的位置,就會使用「微動開關」之類的檢測用元件。

微動開關是一種在其小型殼體內的接點會與外部的操作桿等構件連動而作動的開關。

咦?

從來沒看過這種開關呢!

因為它大部分都是被用在不易看到的地方啦!像是滑鼠按鍵的下方就是微動開關。

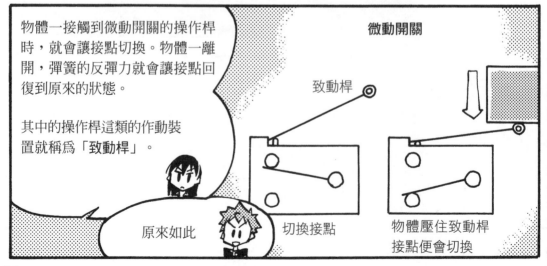

物體一接觸到微動開關的操作桿時,就會讓接點切換。物體一離開,彈簧的反彈力就會讓接點回復到原來的狀態。

其中的操作桿這類的作動裝置就稱為「致動桿」。

微動開關

致動桿

切換接點

物體壓住致動桿接點便會切換

原來如此

64

此外，

以金屬製作殼體、比較堅固的，稱為「限位開關」。

也就是說，限位開關就是堅固化後的微動開關，對吧！

沒錯！

微動開關　　　　　限位開關

微動開關和限位開關，它們的致動桿會依用途而有各式各樣的形狀。

哦！

微動開關和限位開關等位置檢測用開關，JIS 接點圖形符號就像這樣。

哦！

位置檢測用開關的 JIS 圖形符號

開接點　　　　　　常閉接點

● 電磁繼電器是？

先來介紹一下開關以外的基本元件。首先是電磁繼電器。

電磁繼電器？

「電磁繼電器」是由電磁鐵與接點所構成。

電磁繼電器的原理

開關

電源

電流

鐵片
可動接點

線圈

電磁鐵

當電磁繼電器的線圈有電流流過時線圈便會變為電磁鐵，而和鐵片結合成一體的可動接點會被電磁鐵的電磁力所吸引而接通。一旦將電流切斷，電磁鐵便會失去電磁力，接點就因為彈簧的反彈力而回復至原來的狀態。

構造是懂了，

但它可以用在哪裡？

在自動控制裡，內部設有電氣性作動接點的操作用元件，可是有很重要的功用的。

其中，電磁繼電器就是在控制電路中非常重要的一種操作用元件。

欸

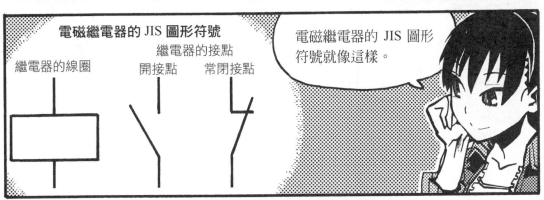

電磁繼電器的 JIS 圖形符號

繼電器的線圈　　繼電器的接點

開接點　　常閉接點

電磁繼電器的 JIS 圖形符號就像這樣。

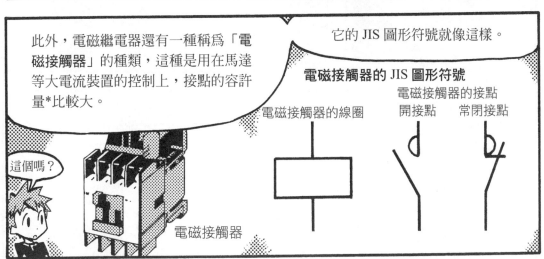

此外，電磁繼電器還有一種稱為「**電磁接觸器**」的種類，這種是用在馬達等大電流裝置的控制上，接點的容許量*比較大。

它的 JIS 圖形符號就像這樣。

電磁接觸器的 JIS 圖形符號

電磁接觸器的接點

電磁接觸器的線圈　　開接點　　常閉接點

這個嗎？

電磁接觸器

*審訂註：容許量是指該接點可導通的最大電流及電壓。

● 計時器是？

最後就來講「計時器」。應該很容易想像什麼是計時器吧？

設定的時間一到，就進行一些動作的這種計時器？

沒錯。

進行機器的控制時，有許多控制靠的是預先設定好的時間。

例如，洗衣機的脫水時間會先設定到主控板裡，脫水作業只會進行所設定的時間長度。

隆～隆～隆～～～

要像這樣在控制電路裡實施定時動作，就需要用到定時器。

脫水結束！

計時器無庸置疑的同樣也是控制用元件呢！

哦！

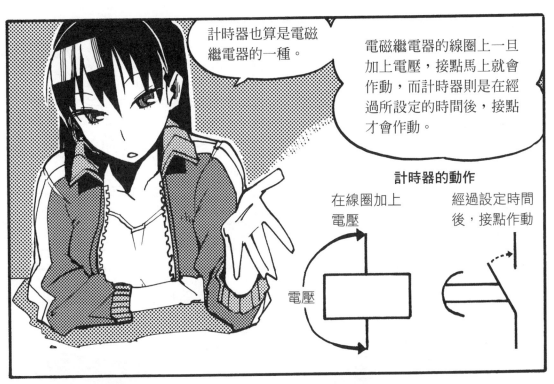

計時器也算是電磁繼電器的一種。

電磁繼電器的線圈上一旦加上電壓,接點馬上就會作動,而計時器則是在經過所設定的時間後,接點才會作動。

計時器的動作

在線圈加上電壓 ｜ 經過設定時間後,接點作動

電壓

原來如此。

計時器的接點動作分成了好幾種。

接點會在線圈加上電壓後再經過設定時間才作動、電壓一移除便會立即回復至原來狀態的,

這種就叫做延時作動瞬時復歸接點

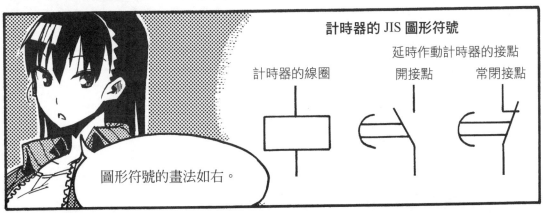

計時器的 JIS 圖形符號

計時器的線圈

延時作動計時器的接點
開接點 ｜ 常閉接點

圖形符號的畫法如右。

這計時器的圖形符號有點奇怪呢！應該要畫得更像時鐘一點才比較容易讓人理解吧……

它的圖形符號當初是參考降落傘的形狀畫出來的。

降落傘

降落傘

緩慢地往某一方向移動就叫降落傘效應。

緩慢地往這方向移動，這叫做降落傘效應（parachute effect）

而計時器的動作無疑就是一種降落傘效應……

欸——

這樣的話，的確就不適合畫成時鐘了！

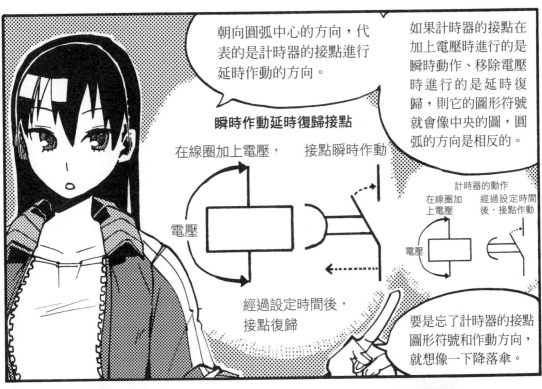

朝向圓弧中心的方向，代表的是計時器的接點進行延時作動的方向。

如果計時器的接點在加上電壓時進行的是瞬時動作、移除電壓時進行的是延時復歸，則它的圖形符號就會像中央的圖，圓弧的方向是相反的。

瞬時作動延時復歸接點

在線圈加上電壓，　　接點瞬時作動

電壓

經過設定時間後，接點復歸

計時器的動作

在線圈加　　經過設定時間上電壓　　後，接點作動

電壓

要是忘了計時器的接點圖形符號和作動方向，就想像一下降落傘。

我知道了！

那…

我就只講到這裡，

當然還有很多其他的元件，接下來就請你看這本書吧。

…

給

程序控制

對了！
電梯的機械室是
在屋頂吧？

嗯。

要不要現在上去看看？
就在這層樓的上面不是
嗎？

咦？

今天的天氣也很好

就一起上去看看吧！

……

妳……
覺得害怕嗎？

抓

……

這裡還蠻雜亂的呢……

因為已經有好幾年都沒人上來的關係…

機械室在這邊…

唔～果然靠現在學的，看了也是不懂。

這是理所當然的吧…

不過！
遲早有一天
我一定會修好
給妳看的！！

笑！

…

第3章　延伸閱讀

● 指令用元件

指的是在自動控制裡，用來輸入指令、檢測物體位置等各種功能的控制用元件。

按鈕開關就是按鈕一被按下，內部接點就會作動的指令用元件，使用在控制裝置的啓動操作和停止操作等。

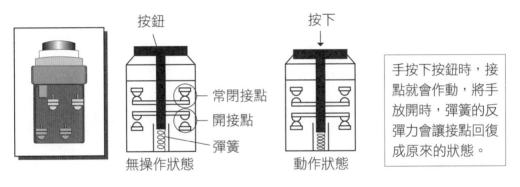

手按下按鈕時，接點就會作動，將手放開時，彈簧的反彈力會讓接點回復成原來的狀態。

●圖 3.1　按鈕開關及其構造

按鈕開關的接點圖形符號是在接點的基本符號上再加上表示按壓操作的操作機構圖形符號。

開接點	常閉接點
E--	E--

●圖 3.2　按鈕開關的接點圖形符號

所謂的操作機構圖形符號，是指表示控制用元件的接點操作方式的圖形符號，由JIS所制定。

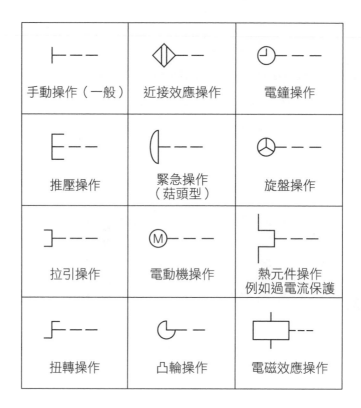

●圖 3.3　操作機構圖形符號

　　搖頭開關與切換開關都是以手動進行控制電路的切換及電源的開關時所使用的指令用元件，兩者皆使用相同的接點圖形符號。

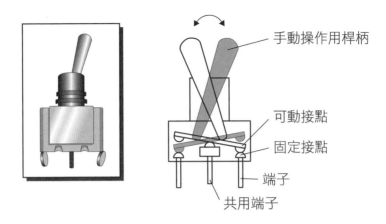

●圖 3.4　搖頭開關及其內部構造

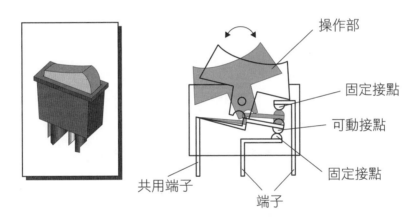

●圖 3.5　切換開關及其內部構造

開接點	常閉接點	切換接點
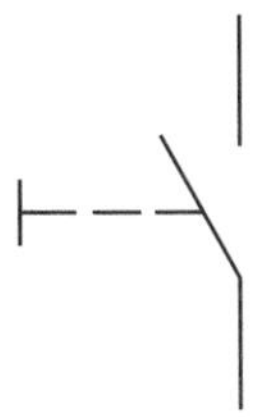	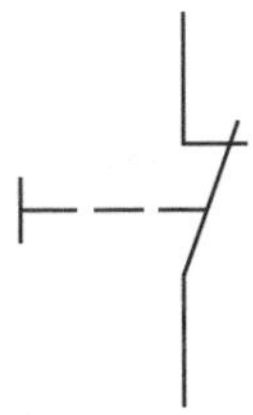	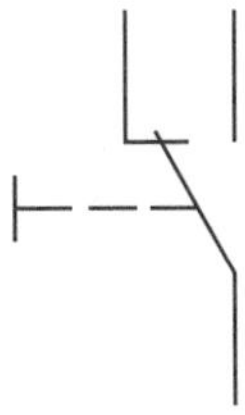

●圖 3.6　搖頭開關‧切換開關的接點圖形符號

選擇開關乃是以手施加扭轉操作時，內部接點便會作動的開關元件，使用於以手動切換電路等場合。

●圖 3.7　選擇開關

開接點	常閉接點	切換接點
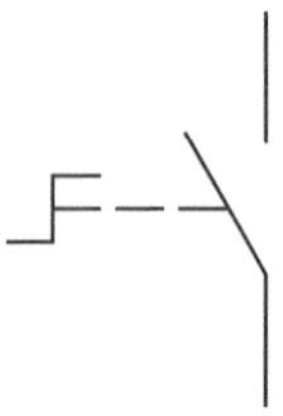	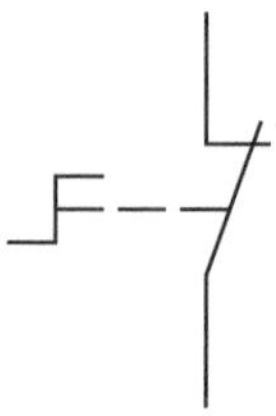	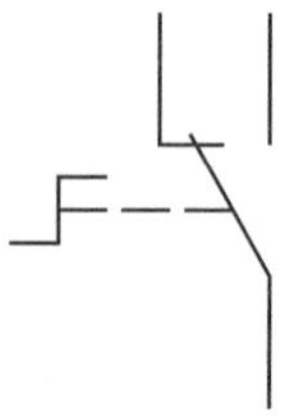

●圖 3.8　選擇開關的圖形符號

● 檢測用元件

微動開關和限位開關乃是檢測物體位置的檢測用元件。用來檢測物體的桿部和滾輪部稱為致動部，當物體接觸到致動部時，會使開關內部的接點作動。致動部依用途而有各式各樣的形狀。

●圖 3.9　微動開關

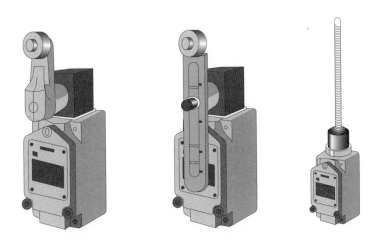

●圖 3.10　限位開關

開接點	常閉接點	切換接點

●圖 3.11　微動開關‧限位開關的接點圖形符號

　　光電開關是不需要接觸到物體就能夠檢測物體的一種近接開關,由投光部及受光部所構成(圖 3.12)。藉由在受光部檢測從投光部發射的可見光線或不可見光線(例如紅外線)來判斷投光部與受光部之間有無物體存在。

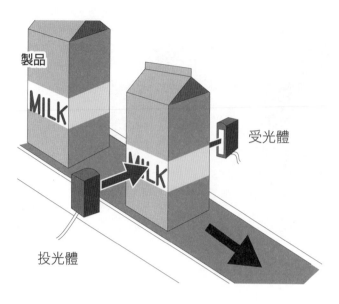

製品

MILK

受光體

MILK

投光體

●圖 3.12　光電開關

開接點	常閉接點	切換接點

●圖 3.13　光電開關的圖形符號

控制操作用元件

　　電磁繼電器是利用電磁力使接點開關的控制操作用元件。電磁繼電器能夠藉由電磁力使複數個接點同時作動，在程序控制電路裡是非常重要的一種控制用元件。

　　電磁繼電器是由會形成電磁鐵的線圈及會因電磁力吸引而作動的接點等構件所構成。當電源接上線圈時，便會產生電磁力，接點因受到吸引而作動。一旦移除線圈電源，接點便會因彈簧的反彈力而復歸回到原來的位置。

另外，電流流過電磁繼電器的線圈而產生電磁力的現象稱爲激磁；而阻斷線圈的電流使電磁力消失的現象，則稱爲消磁。

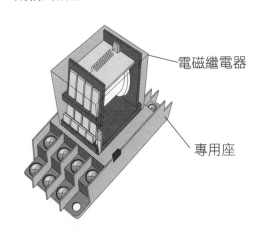

●圖 3.14　電磁繼電器

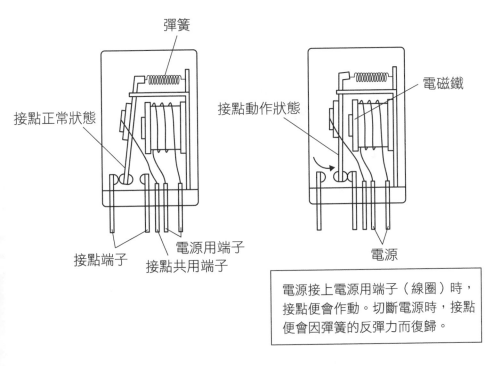

彈簧

接點正常狀態

接點動作狀態

電磁鐵

接點端子

電源用端子

接點共用端子

電源

電源接上電源用端子（線圈）時，接點便會作動。切斷電源時，接點便會因彈簧的反彈力而復歸。

●圖 3.15　電磁繼電器的構造

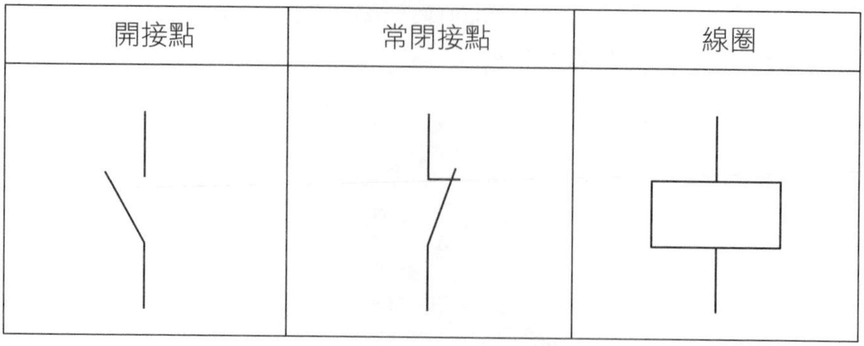

開接點	常閉接點	線圈

●圖 3.17　電磁接觸器

　　電磁接觸器是電磁繼電器的一種，內部設置有接點容許量大的接點。就算是馬達之類流通大電流的裝置也能夠直接進行控制，因此常用於馬達控制電路等。

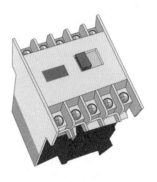

●圖 3.16　電磁繼電器的圖形符號

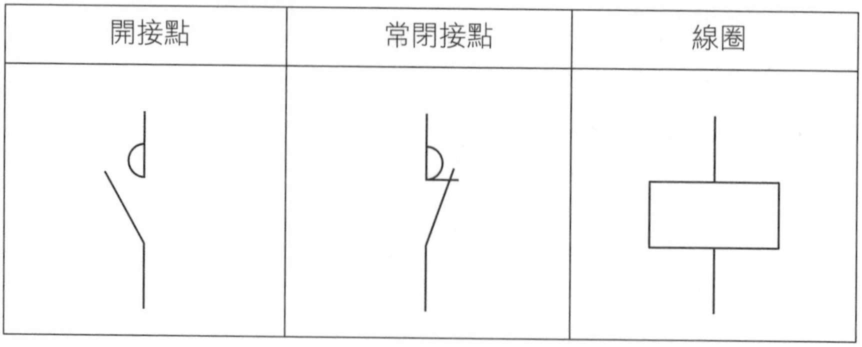

開接點	常閉接點	線圈

●圖 3.18　電磁接觸器的圖形符號

計時器是電磁繼電器的一種，是接點進行定時動作的控制用元件。電磁繼電器的接點會在線圈加上電壓時瞬間作動，而計時器的接點則是會等到了所設定的時間才作動。此外，計時器的接點動作方式還可分成以下幾種。

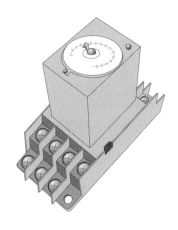

●圖 3.19　計時器

　　接點在線圈加上電壓後還要經過設定的時間才會作動，而電壓一移除便會立即復歸的類型稱爲延時動作瞬時復歸接點。

開接點	常閉接點	線圈
	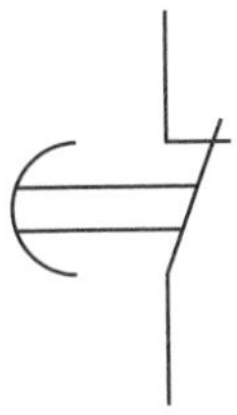	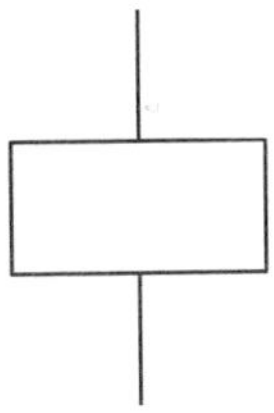

●圖 3.20　計時器的圖形符號（延時動作瞬時接點）

　　接點在線圈加上電壓時會立即作動，而移除電壓後則還要經過設定的時間才會復歸的類型稱爲瞬時動作延時復歸接點。

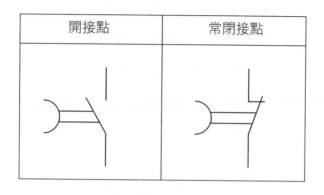

開接點	常閉接點

●圖 3.21　瞬時動作延時復歸接點的圖形符號

接點在線圈加上電壓後還要經過設定的時間才會作動，而移除電壓後也還要經過設定的時間才會復歸的類型稱爲延時動作延時復歸接點。

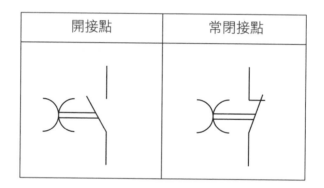

開接點	常閉接點

●圖 3.22　延時動作延時復歸接點的圖形符號

迴路斷路器（breaker）一般稱爲斷路器，是用在電路電源部的控制操作用元件。當因爲過負載或短路而造成電路流通過電流時，斷路器就會自動斷開內部接點將電流遮斷以保護電路。此外，還能夠以手動方式板動操作桿來進行電路的開閉。

●圖 3.23　迴路斷路器

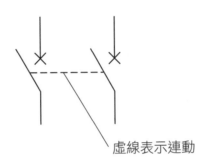

虛線表示連動

●圖 3.24　（二極）迴路斷路器的圖形符號

　　另外，迴路斷路器的接點圖形符號中的×號是JIS所制定的「限定圖形符號」，代表接點具有將電路遮斷的功能。

功能	限定圖形符號	使用例
接點功能	◁	
遮斷功能	×	
斷路功能	—	
負載開閉功能	○	
具備繼電器或釋放機構的自動拉引功能	■	
位置開關功能	▽	
自動復歸功能 例如彈簧復歸	◁	
非自動復歸 （殘留）功能	○	

●圖 3.25　限定圖形符號

指示用元件與警報用元件

在自動控制的機器中，會使用以光線告知機器運轉狀態的指示燈和以聲音告知危險等狀況的警報用元件。

指示燈乃是以光線告知機器的運轉、停止、故障等動作狀態的指示用元件。

●圖 3.26　指示燈

指示燈的顏色依機械的動作狀態而有所區別。例如，危險狀態時是紅色，正常狀態時是綠色，異常狀態時是黃色。

●表 3.1　指示燈的顏色及其意義

顏色	意義	說明
紅色	緊急	危險狀態
黃色	異常	異常狀態
綠色	正常	正常狀態

●圖 3.27　指示燈的圖形符號

警鈴和蜂鳴器是當自動控制的機器發生危險或異常狀態時，以聲音告知周圍的人的警報用元件。

●圖 3.28　警鈴

●圖 3.29　蜂鳴器（面板用）

警鈴	蜂鳴器
	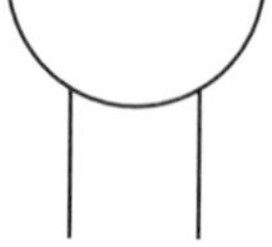

●圖 3.30　警鈴‧蜂鳴器的圖形符號

第4章
階梯圖的繪製法

咦？

為了能讓妳稍微習慣待在室外，我把這裡整理了一下。

你又擅自多管閒事……

對、對不起！

不過…

這樣子也很不錯呢…！

哈哈！太好了！

看你這麼有心，今天就在這裡延續上次的內容吧！

麻煩妳了！

那我們今天就來說「階梯圖」好了。

圖…是嗎？

之前，

另外，在繪製程序電路時，要使用 JIS 所制定的接點圖形符號繪製，這樣才能讓每個人都能看得懂電路的意義。

JIS 圖形符號

開接點	常閉接點	切換接點
（a 接點）	（b 接點）	（c 接點）

我們提過這個圖對吧？

● 縱繪式與橫繪式

畫階梯圖時必須要遵照它的繪製規則，這樣才能讓每個人都能看得懂畫出來的階梯圖。

也就是說有規定的畫法對吧？

畫　畫

沒錯

一般而言，電路都是畫成有電源、開關、負載的「封閉電路」。

嗯。

而在階梯圖裡則是省略了表示電源的圖形符號，接點和負載等則是畫在平行繪製的電源線間。

就像這樣。

一般的電路圖

開關

電源

階梯圖

開關

負載

電源線

省略電源的圖形符號

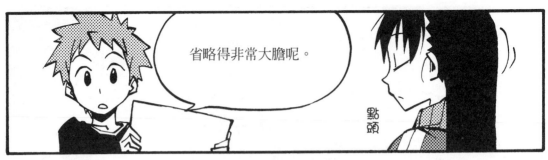

省略得非常大膽呢。

點頭

電源線畫成兩條橫向的線，信號傳遞方向是縱向的，這樣的繪製方式叫「縱繪式」。

電源線畫成兩條縱向的線，信號傳遞方向是橫向的，這樣的繪製方式叫「橫繪式」。

縱繪式

信號方向是縱向

動作順序的方向

橫繪式

信號方向是橫向

動作順序的方向

有這兩種。

原來有兩種繪製方式呀！

畫畫

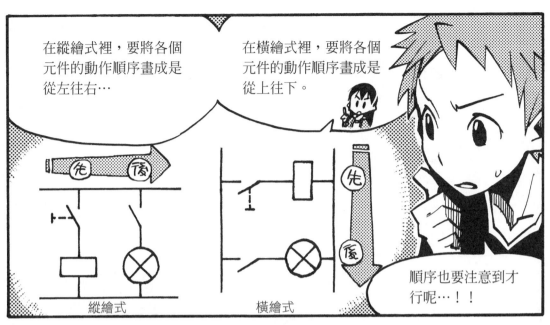

在縱繪式裡，要將各個元件的動作順序畫成是從左往右…

在橫繪式裡，要將各個元件的動作順序畫成是從上往下。

先　後

縱繪式

先　後

橫繪式

順序也要注意到才行呢…！！

此外，接點一定要畫成正常狀態。而且在描繪控制用元件和接點時，要使用 JIS 制定的圖形記號。

也就是說圖形記號不能隨便畫對吧。

那是什麼？那種會讓人感到精神緊張的圖…

元件的代表文字記號

當控制用元件和負載變多時，是不是就會搞不清楚到底具體是指哪種元件？

這麼一說，的確會這樣呢。那該怎麼辦才好？

在各個圖形符號的附近寫上代表元件的文字記號。

例如，按鈕開關的代表文字記號是英文名稱 Button Switch 的縮寫 BS，所以按鈕開關就要繪製如下…

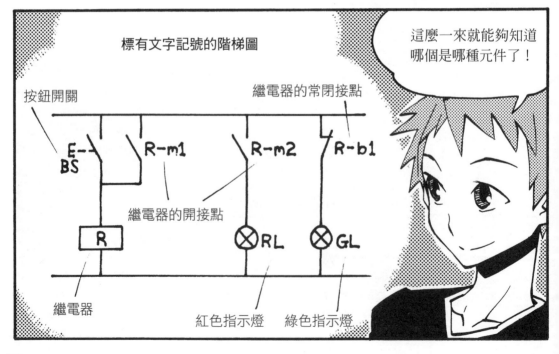

這麼一來就能夠知道哪個是哪種元件了！

標有文字記號的階梯圖

按鈕開關

繼電器的常閉接點

E--
BS R-m1 R-m2 R-b1

繼電器的開接點

R RL GL

繼電器

紅色指示燈 綠色指示燈

而且，如果還想再爲元件加上功能的表示，就在前面加上代表功能的文字記號。

以啓動用的按鈕開關爲例，啓動的英文是 Start，我們就把它的頭兩個字母 ST 加在 BS 的前面，寫成 ST-BS。

表示功能　　　表示元件種類

也就是「功能」＋「元件」的表示形式！

「有功能的元件」，這樣記就可以了！

Good！

有哪個元件沒有功能呀……

連接處的表示方式與實際上的連接

在階梯圖裡，會有好幾處連接電源的地方。

而連接的表示方式有兩種畫法，一種是加上黑圓點。

另一種則是將連接處畫成 T 字形。

兩種都可以嗎？

是的！只要記得在畫的時候，統一用同一種就沒問題。

連接的表示方法

以黑圓點表示

以 T 連接表示

其實，階梯圖裡的連接點和配線的實際連接情形是完全不一樣的。

畫 畫

欸？

是這樣嗎？

實際的配線裡，電線並不是像階梯圖畫的那樣是連接在電線的中間。

而是先將電線連接至元件的端子，再以另一條電線從同一個端子連接到下一處。

實際上的配線

階梯圖的連接點

這裡並沒有連接

按鈕開關

實際上的連接處

這就像在說，光看外表是看不出事物的本質的……

說出了很深奧的話啊，但感覺怪怪的……

嗯！嗯！

階梯圖裡的控制元件如果很多，就會很難找出電磁繼電器的接點等是在圖面上的哪個位置。

好像真的會這樣……

● 讓階梯圖更容易閱讀

因此，為了讓閱讀圖面的人能夠簡單地找到接點等位置，繪製階梯圖時就必須使用「位置參考法」。

這樣啊……

位置參考法有兩種，即「迴路編號參考法」和「網格參考法」。

這也是同樣有多種的畫法吧。

畫畫

網格參考法，

是先將階梯圖的縱邊和橫邊都等分成偶數份，

縱邊加上大寫英文字，橫邊則加上數字。

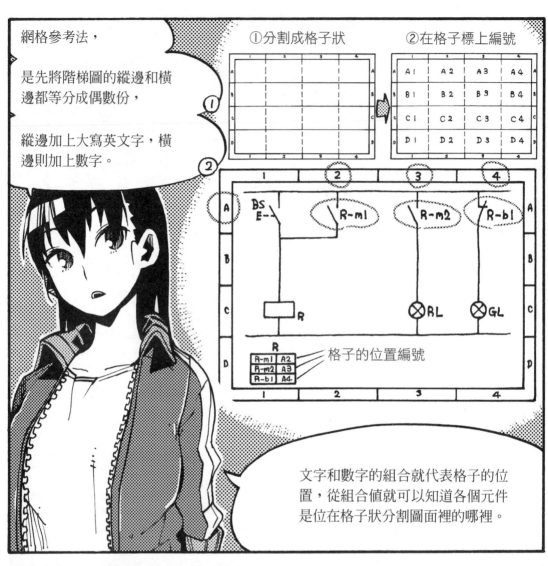

①分割成格子狀　②在格子標上編號

格子的位置編號

R-m1	A2
R-m2	A3
R-b1	A4

文字和數字的組合就代表格子的位置，從組合值就可以知道各個元件是位在格子狀分割圖面裡的哪裡。

這跟地圖的做法很像呢。

沒錯！

對了

我要去買晚餐的材料，等會兒要不要一起吃？

反正做一人份和做兩人份要花的時間都一樣呀…！

那…

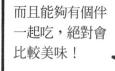

而且能夠有個伴一起吃，絕對會比較美味！

既然你都這樣說了，那我就…好吧。

好！

我會拿出我的看家本領的！！

第**4**章　延伸閱讀

● 階梯圖繪製法的基本

　　繪製階梯圖時，必須遵守一定的繪製規則，這樣才能讓每個閱讀的人都能夠理解階梯圖。一般而言，繪製階梯圖時會先畫兩條平行線作為電源，再使用JIS所制定的圖形符號將控制電路繪製在兩條電源線之間。繪製時，若是將信號方向畫成縱向，則稱為縱繪式；將信號方向畫成橫向，則稱為橫繪式。此外，負載的配置位置也有規定，在縱繪式裡必須統一畫在下側，在橫繪式裡必須統一畫在右側。

　　至於電路的動作順序，在縱繪式裡要畫成從左往右進行，在橫繪式裡要畫成從上往下進行。

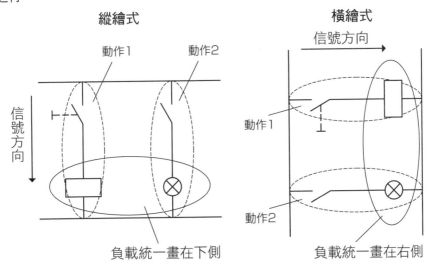

●圖 4.1　階梯圖的縱繪式與橫繪式

● 階梯圖與文字記號

　　階梯圖裡如果有複數的接點和控制用元件，就算看了圖也沒辦法理解電路的內容，因此必須一併畫上表示功能和元件的文字記號。文字記號一般會使用日本電機工業學

會（JEMA）制定的JEM規定的文字記號。

以啟動用按鈕開關為例，會在旁邊標記一組由表示其功能為啟動用的 ST（Start）和表示其元件種類為按鈕開關的 BS（Button Switch）所組合而成的 ST-BS 文字。

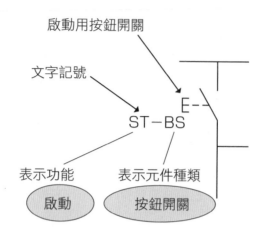

●圖 4.2 按鈕開關與文字記號

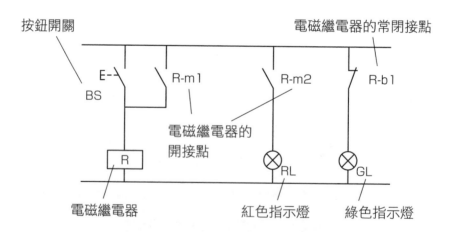

●圖 4.3 標記有文字記號的順序圖

當階梯圖裡使用了複數個相同的元件時，要在表示元件種類的文字記號再加上編號加以區別。例如有 3 個電磁繼電器時，就分別表示成R1、R2、R3，而它們的接點則以R1-m1、R2-m1、R3-m1 的方式表示。

●表 4.1　表示功能的文字記號
日本電機工業學會（JEMA）JEM 規格

文字記號	用　語	英 語 名
AUT	自動	Automatic
MAN	手動	Manual
OP	開	Open
CL	閉	Close
U	上	Up
D	下	Down
FW	前	Forward
BW	後	Backward
F	正	Forward
R	反	Reverse
R	右	Right
L	左	Left
H	高	High
L	低	Low
OFF	開路	Off
ON	閉路	On
ST	啟動	Start
STP	停止	Stop
RUN	運轉	Run
ICH	寸動	Inching
RST	復歸	Reset
C	控制	Control
OPE	操作	Operation
B	遮斷、制動	Breaking
CO	切換	Change-over
HL	保持	Holding
R	記錄	Recording
IL	聯鎖	Interlocking

●表 4.2　表示元件種類的文字記號
日本電機工業會（JEMA）JEM 規格

文字記號	用　　語	英 語 名
AM	安培計	Ammeter
AXR	輔助繼電器	Auxiliary Relay
BL	警鈴	Bell
BS	按鈕開關	Button Switch
BZ	蜂鳴器	Buzzer
CB	斷路器	Circuit-Breaker
COS	切換開關	Change-over Switch
CS	控制開關	Control Switch
ELCB	漏電斷路器	Earth leakage Circuit-breaker
F	保險絲	Fuse
FLTS	浮控開關	Float Switch
G	發電機	Generator
GL	綠色指示燈	Signal Lamp Green
IM	感應電動機	Induction Motor
KS	閘刀開關	Knife Switch
LS	限位開關	Limit Switch
M	電動機（馬達）	Motor
MC	電磁接觸器	Electromagnetic contactor
MCCB	迴路斷路器	Molded-case　Circuit-breaker
MS	電磁開關	Electromagnetic Switch
PHOS	光電開關	Photoelectric Switch
PROS	近接開關	Proximity Switch
PRS	壓力開關	Pressure Switch
R	電磁繼電器	Relay
R	電阻器	Resistor
RL	紅色指示燈	Signal Lamp Red
RS	旋轉開關	Rotary Switch
STR	啟動電阻器	Starting Resistor
TC	跳脫線圈	Trip Coil
TGS	搖頭開關	Toggle Switch
THR	積熱電驛、熱動電驛	Thermal Relay
THS	溫度開關	Thermo Switch
TLR	計時器、延時繼電器	Time-lag Relay
VM	伏特計	Voltmeter
VR	可變電阻器	Variable Resistor
WM	瓦特計	Wattmeter

　　電磁繼電器具有複數個接點。若也將元件的端子符號畫到階梯圖裡，則在將配線接到元件的端子時，既能讓配線作業順利進行，也能夠防止接錯端子。此外在進行檢查保養時也省事得多。

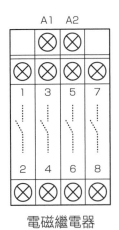

電磁繼電器

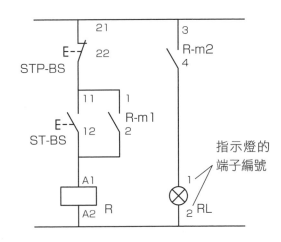

指示燈的
端子編號

●圖 4.4　畫有端子符號的階梯圖

　　要從具有很多控制用元件的階梯圖裡找出接點和元件的所在處是非常辛苦的一件事。為了能夠容易找到接點的所在位置，繪製階梯圖時就要使用位置參考法。位置參考法有迴路編號參考法與網格參考法兩種。

　　迴路編號參考法的做法，是在迴路的分歧處加上編號，並將電磁繼電器的接點位置繪製成表。

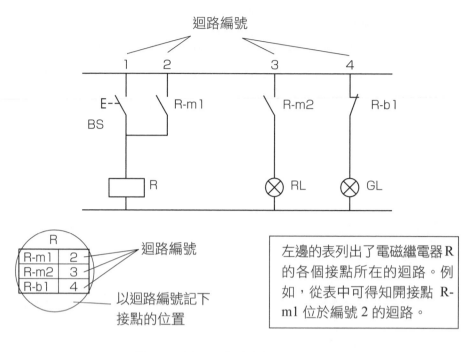

左邊的表列出了電磁繼電器 R
的各個接點所在的迴路。例
如，從表中可得知開接點 R-
m1 位於編號 2 的迴路。

●圖 4.5　採用迴路編號參考法的階梯圖

　　網格參考法的做法，是將階梯圖的縱邊和橫邊都分割成格子狀，並繪製一張表記
錄電磁繼電器的接點是位在哪個編號的網格。

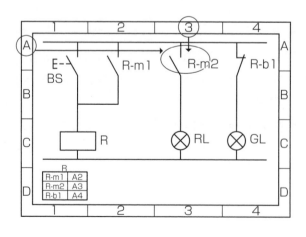

圖裡的表列出了電磁繼電
器 R 的各個接點所在的網
格。例如，從表中可得知
R-m2 是在 A3 的位置。

●圖 4.6　採用網格參考法的順序圖

閱讀階梯圖時，需要知道其中所使用的圖形符號的意義和階梯圖的基本規則。比方說，如果能夠光看圖形符號就能夠理解使用的是怎麼樣的元件，那麼迴路的動作也就會變得比較容易理解。

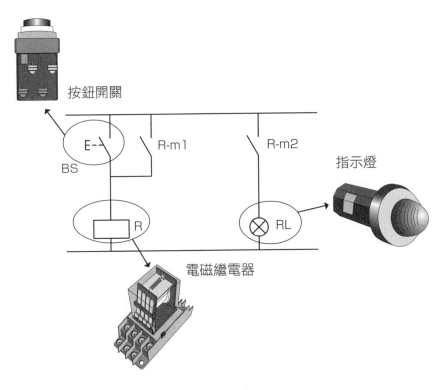

●圖 4.7　從圖形符號想像出元件

若要實際完整地看一遍階梯圖，基本上就是從第一個動作依序看起。例如，若是縱繪式的階梯圖，其動作順序是從左往右，所以一開始要先看左上方的位置。

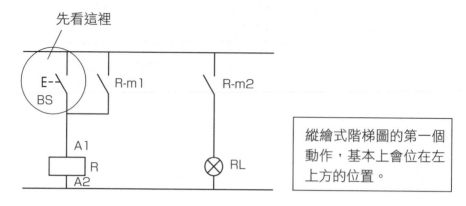

●圖 4.8　階梯圖的閱讀方法　其一

　　在圖 4.8 的電路裡，我們可以看到左上方有個按鈕開關的開接點。思考一下將這按鈕開關按下後，接著會發生什麼事？

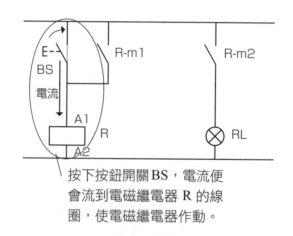

按下按鈕開關 BS，電流便會流到電磁繼電器 R 的線圈，使電磁繼電器作動。

●圖 4.9　階梯圖的閱讀方法　其二

　　按下按鈕開關時，電流會流到電磁繼電器的線圈，激磁電磁繼電器。因此我們先確認電磁繼電器 R 的接點位置在階梯圖中的哪裡。此時，若在圖中有位置參考法的表將電磁繼電器的接點位置列出來，就能夠輕而易舉地找到接點位置。

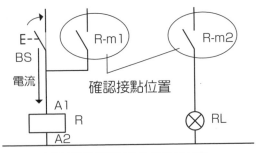

確認接點位置

確認電磁繼電器的接點位置，
思考當接點作動後，接著會發
生什麼事？

●圖 4.10　階梯圖的閱讀方法　其三

　　找到電磁繼電器的接點後，思考這些接點作動的時候，電流會怎樣流通？電流流通後，接著是什麼元件會作動？在這個電路裡，電磁繼電器的開接點R-m2閉合時，會點亮指示燈RL。

　　對於基本的階梯圖，只要以上述的步驟來閱讀，就能夠理解電路的整體動作和動作流程。

● 找出程序電路故障原因的方法

　　當程序電路裡發生了故障，只要配合階梯圖以相反的順序確認動作的順序和信號的傳遞，就能大幅縮小故障原因的範圍。

　　比方說，如果指示燈RL①完全不亮，第一步是先檢查指示燈本身的好壞。若指示燈並無異常，接著就要看用來亮滅指示燈的接點②。此接點是電磁繼電器 R ③的開接點，因此要檢查電磁繼電器 R 的動作與接點本身是否有異常。若也都沒有問題，則接著檢查使電磁繼電器R作動的按鈕開關④的開接點。

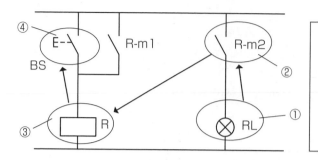

●圖 4.11　找出故障原因的方法

①檢查指示燈RL的好壞。
②檢查接點 R-m2。
③檢查電磁繼電器 R。
④檢查按鈕開關 BS。

　　若是簡單的程序電路，不管用何種順序進行檢查應該都能夠很輕鬆地找出故障的原因，但如果是稍微有點複雜的電路，清楚建立檢查的順序是非常重要的。

第 **5** 章
接點與邏輯電路

也許我就還像是個迷了路的小孩吧…

小小聲

咦？

沒

沒什麼！

好！我們來講程序電路吧！

今天要講接點和邏輯電路。

哦

啊、好…

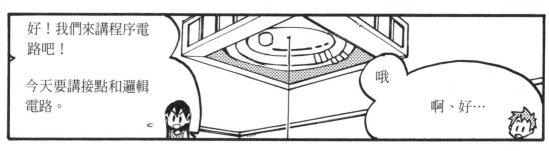

● 何謂數位？

首先來談談什麼是數位？

數位鐘的那種數位嗎？

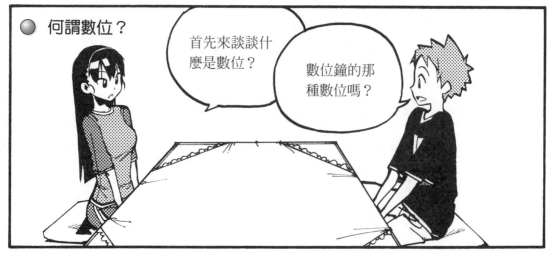

文字上來說是那樣沒錯，但這裡要講的是時序控制裡的數位的概念。

嗯哼。

就以利用 1 個按鈕開關使指示燈亮滅的電路為例好了。

開關和指示燈有著輸入與輸出的關係。開關的動作是開和閉，而指示燈的動作是亮起和熄滅。

各有互為相反的兩種狀態。

開關

輸入

指示燈

輸出

開　　閉

熄滅　　亮起

也就是當開關接通時指示燈就會亮起的電路對吧。

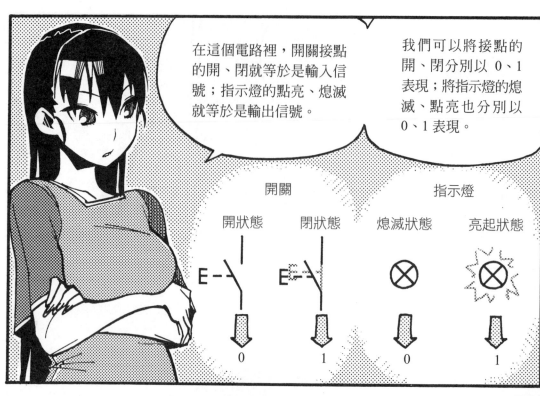

在這個電路裡，開關接點的開、閉就等於是輸入信號；指示燈的點亮、熄滅就等於是輸出信號。

我們可以將接點的開、閉分別以 0、1 表現；將指示燈的熄滅、點亮也分別以 0、1 表現。

開關

開狀態　　閉狀態

指示燈

熄滅狀態　　亮起狀態

0　　　1　　　0　　　1

用 0 和 1 的數字來表現電路的狀態是嗎？

沒錯。

像這樣子分別以 0 和 1 等數字來表現狀態的方法就叫「數位化」。

使用數位化後的電氣信號、也就是使用數位信號的電路則叫做「數位電路」。

原來如此！

另外，

這 0 和 1 是一種以數字表現兩個相反狀態的「二元信號」，和我們平常所使用的數字不能混爲一談。

與其說它們是數字，應該把這裡的 0 和 1 純粹當作是符號來思考才是。

若使用二元信號 0 和 1 來表示這電路的動作，會是輸入爲 0 時輸出爲 0，輸入爲 1 時輸出爲 1。

做成表的話就會像這樣

真值表

輸入（開關）	輸出（指示燈）
0（開）	熄滅
1（閉）	亮起

像這樣，使用二元信號表示輸入和輸出結果的表，就稱爲「真值表」。

● 邏輯電路是？

數位信號被使用在電腦等內部的電子電路上，進行電腦的邏輯演算的電路稱為「**邏輯電路**」，這是由接點的組合所構成的電路。

提到電腦，就真的讓人有了數位的感覺呢！

好古早…

就算是專門進行複雜計算的電腦，其最小單位的電路仍是能夠以二元信號 0 和 1 來表示的邏輯電路。

原來如此！

不過，

電腦裡的邏輯電路並非是由有實體性接點接觸的「有接點」構成，

而是使用電晶體等半導體，是由沒有實體性接點接觸的「無接點」所構成的。

電腦的確沒有給人裡面有接點在喀嚓喀嚓地開關的印象。

而程序控制電路，也是由基本邏輯電路的組合所構成的。

邏輯電路同樣也有很多種類，今天就先介紹

AND（邏輯和電路）、OR（邏輯或電路）、NOT（邏輯否電路）這三種基本的邏輯電路。

麻煩妳了！

我來說明它們分別是怎樣的電路。

首先，

試著思考一個電路，開關 A 的開接點與開關 B 的開接點是

串聯連接的，而且還連接有指示燈。

是。

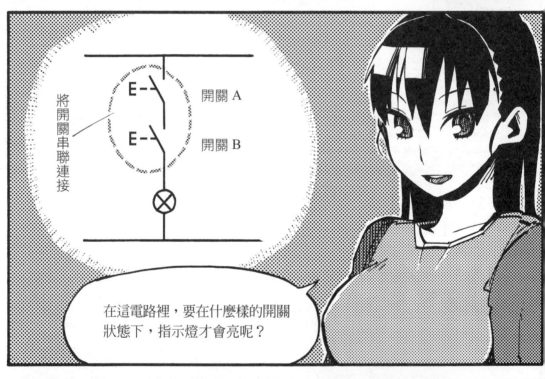

將開關串聯連接

E--　開關 A

E--　開關 B

⊗

在這電路裡，要在什麼樣的開關狀態下，指示燈才會亮呢？

應該是開關 A 和開關 B 同時按下的時候吧？

如果只按下其中一個，應該是不會亮才對。

沒錯。

像這樣只有在全部的輸入都是1的時候，輸出才會是1的電路，

我們稱它做「**AND 電路**」或是「**邏輯和電路**」。

開關A「和」B都要，所以是「AND」！

另外，AND 電路的真值表如下。

AND 電路的真值表

輸入		輸出
開關 A	開關 B	指示燈
0（開）	0（開）	熄滅
1（閉）	0（開）	熄滅
0（開）	1（閉）	熄滅
1（閉）	1（閉）	亮起

接著是 OR 電路。

試著思考一個電路，開關 A 和 B 的開接點是並聯連接的，然後連接有指示燈。

這個電路…不論是只按下開關 A，或是只按下開關 B 都能夠點亮指示燈。

將開關並聯連接

開關 A　開關 B

指示燈

還有，A 和 B 都按下時也能點亮指示燈。

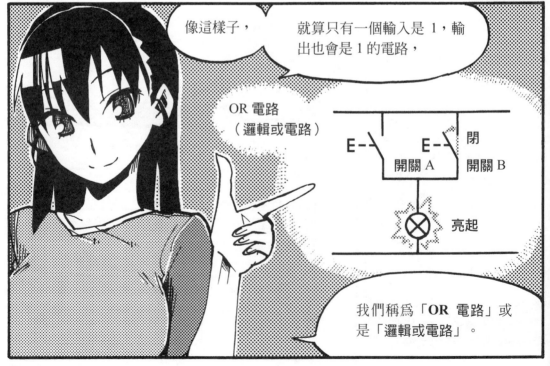

像這樣子，

就算只有一個輸入是 1，輸出也會是 1 的電路，

OR 電路（邏輯或電路）

閉

開關 A　開關 B

亮起

我們稱為「OR 電路」或是「邏輯或電路」。

開關 A「或」B 都行，所以是「OR」！

點頭！

OR 電路的真值表就像這樣。

OR 電路的真值表

輸入		輸出
開關 A	開關 B	指示燈
0（開）	0（開）	0（熄滅）
1（閉）	0（開）	1（亮起）
0（開）	1（閉）	1（亮起）
1（閉）	1（閉）	1（亮起）

最後一個是 NOT 電路。

NOT 電路不像 AND 電路或 OR 電路，很難從名字聯想到它是怎樣的電路呢。

唔～

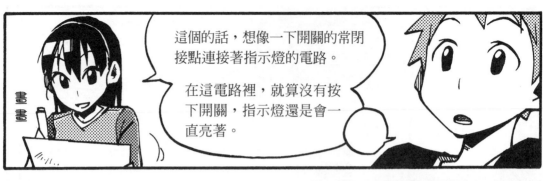

這個的話，想像一下開關的常閉接點連接著指示燈的電路。

在這電路裡，就算沒有按下開關，指示燈還是會一直亮著。

使用常閉接點

E

亮起

沒有按下開關，指示燈仍會亮著

原來如此！

而一旦按下了這電路的開關，常閉接點就會斷開，使指示燈熄滅。

也就是說，NOT電路的動作是沒有輸入的時候會有輸出，而有輸入的時候反而會沒有輸出。

啊！

原來是因為輸入和輸出相反，所以才會叫「NOT」！

點頭

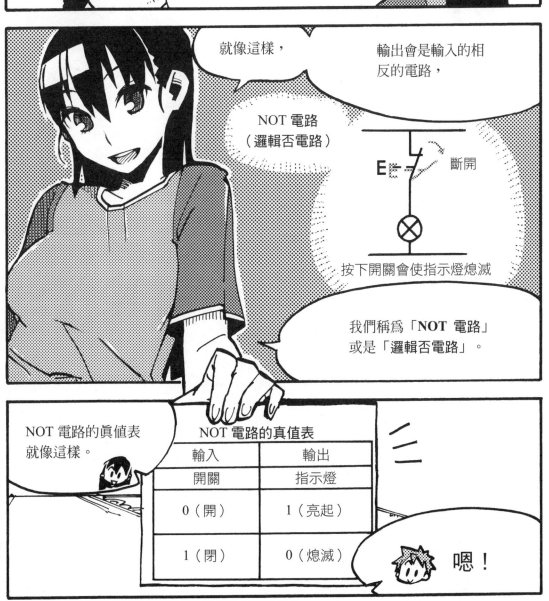

就像這樣，

輸出會是輸入的相反的電路，

NOT 電路
（邏輯否電路）

E

斷開

按下開關會使指示燈熄滅

我們稱為「**NOT** 電路」或是「邏輯否電路」。

NOT 電路的真值表就像這樣。

NOT 電路的真值表

輸入	輸出
開關	指示燈
0（開）	1（亮起）
1（閉）	0（熄滅）

嗯！

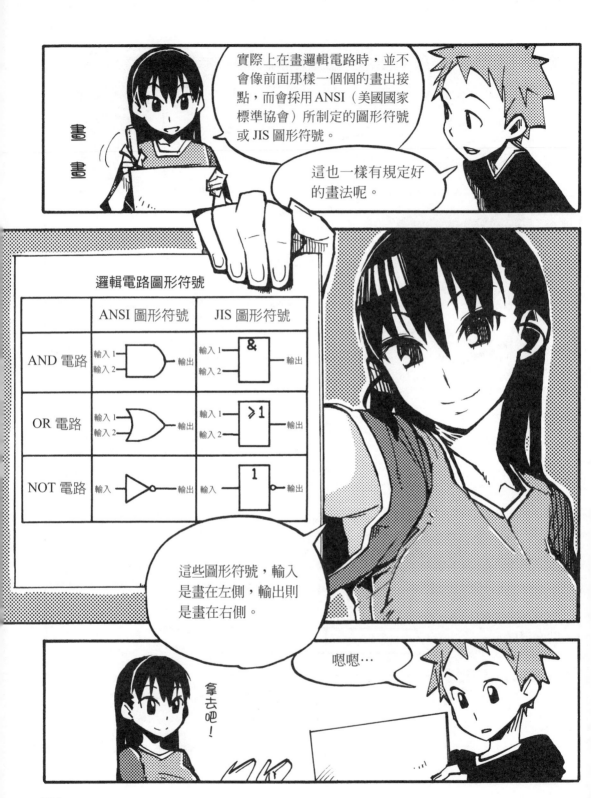

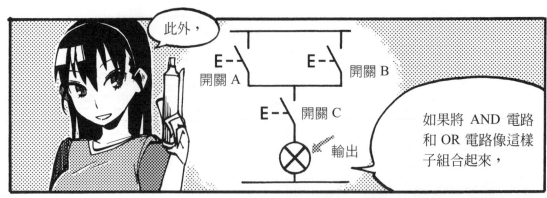

此外，

開關 A　E--　　　E--　開關 B

E--　開關 C

⊗　輸出

如果將 AND 電路和 OR 電路像這樣子組合起來，

就先把開關 A 和開關 B 以 OR 圖形符號表示，

OR

開關 A

開關 B

AND

開關 C　　　　輸出

然後再把它的輸出和開關 C 以 AND 圖形符號表示。

這樣啊一！

若以邏輯圖形符號來繪製，就算是複雜的電路也能夠用很簡單的形式來表現。

點頭

好了！今天就上到這裡吧。

啪！

程序

今天也學到了很多！

不過…

剛剛……房東妳說妳是個迷路的小孩，那是什意思呢？

…以前，我們全家都住在這層樓裡。

可是從那天以後，就只剩下我孤單一個人……

那是我剛進大學唸書時的事——

6F

同樣住在這裡的爸媽和奶奶一起出去旅行

接下來的幾天都安然無事,然後那天…

因為那時候我正全心投入在剛起步的網路商務裡,所以決定一個人留下來看家。

咦

事故…!?

一切真的是發
生得太突然了

從那時起，我就開始害
怕外出，漸漸地就變得
無法再踏出家門……

也許我的心裡，從那時起
就一直像是個迷了路的小
孩般充滿著不安吧…

哎呀，明明就是一
直關在家裡的人，
還說自己是個迷
了路的小孩，實
在是太可笑了…

真的嗎？

點頭…

但……程序控制的課，下次就是最後一次了。

咦！

是嗎？

程序控制

那麼，結束後

你…你願意帶我到外面嗎？

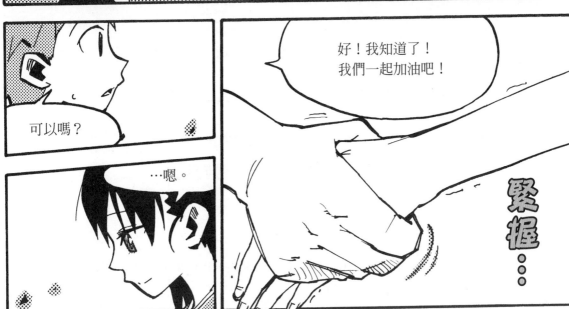

可以嗎？

…嗯。

好！我知道了！我們一起加油吧！

緊握…

第5章　延伸閱讀

● 二元信號

接點的狀態有「開」和「閉」兩種，而與接點連接的指示燈的動作狀態則有「熄滅」和「亮起」兩種。以 0 和 1 來表現這些互為相反的兩種狀態，稱為數位化。這 0 和 1 不能視為我們平常所使用的數字，而是用來表示互為相反的兩種狀態，這就被稱為二元信號。

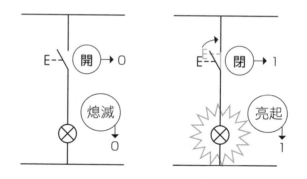

●圖 5.1　指示燈的亮滅與二元信號

若以二元信號表示圖 5.1 的電路的動作，結果就如下表（表 5.1）。

●表 5.1　指示燈的亮滅與真值表

輸入（開關）	輸出（指示燈）
0（開）	熄滅
1（閉）	亮起

如上表般使用二元信號列出所有輸入－輸出的結果而成的表，稱為真值表。從真值表就可以得知邏輯電路的動作內容。

138

使用數位信號進行邏輯演算的電腦，內部的電路是利用電晶體、二極體等具有開關功能的半導體元件組成的邏輯電路所構成，分別是以電壓信號的「低」和「高」來代表數位信號的 0 和 1。使用許多接點的順序電路也是由基本的邏輯電路的組合所構成。

三種基本的邏輯電路，即 AND 電路、OR 電路、NOT 電路，就算是複雜的電路也能夠由這三種基本的邏輯電路組成。

AND 電路也叫邏輯和電路，是一種只有當所有的輸入皆為 1 的時候，輸出才會是 1 的電路。若使用接點來表示 AND 電路，會如圖 5.2 所示，是一個將接點串聯連接的電路。

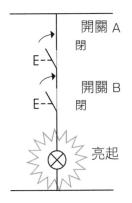

開關 A
閉

開關 B
閉

亮起

按下 A 和（AND）B，指示燈便會亮起

●圖 5.2　AND 電路

●表 5.2　AND 電路的真值表

輸入		輸出
開關 A	開關 B	指示燈
0（開）	0（開）	0 熄滅
1（閉）	0（開）	0 熄滅
0（開）	1（閉）	0 熄滅
1（閉）	1（閉）	1 亮起

OR 電路也叫邏輯或電路，是一種只要有一個輸入為 1，輸出就會是 1 的電路。若使用接點來表示 OR 電路，會如圖 5.3 所示，是一個將接點並聯連接的電路。

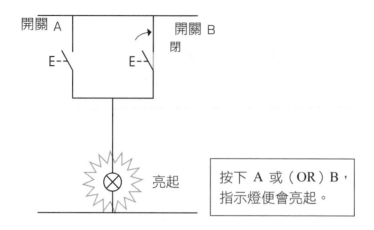

開關 A　　　　開關 B
閉

E--　　　　　E--

亮起

按下 A 或（OR）B，
指示燈便會亮起。

●圖 5.3　OR 電路

●表 5.3　OR 電路的真理表

輸入		輸出
開關 A	開關 B	指示燈
0（開）	0（開）	0（熄滅）
1（閉）	0（開）	1（亮起）
0（開）	1（閉）	1（亮起）
1（閉）	1（閉）	1（亮起）

　　NOT 電路也叫邏輯否電路，是一種輸入和輸出都各只有一個，輸出為輸入的相反（否定）的電路。若使用接點來表示 NOT 電路，會如圖 5.4 所示，是一個使用常閉接點的電路。

E--　斷開

熄滅

指示燈從一開始便亮起，
按下按鈕後便會熄滅。是
一 種 將 輸 入 予 以 否 定
（NOT）後輸出的電路。

●圖 5.4　NOT 電路

●表 5.4　1NOT 電路的真值表

輸入	輸出
開關 A	指示燈
0（開）	1（亮起）
1（閉）	0（熄滅）

AND電路、OR電路若再與NOT電路組合，就能產生輸出被否定的邏輯電路。

組合AND電路與NOT電路產生的電路稱為NAND電路（反邏輯和電路）。這電路是只有當所有的輸入都為 1 時，輸出才會是 0。

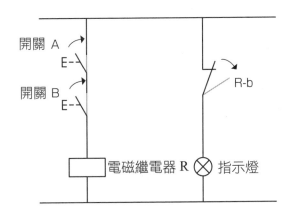

●圖 5.5　NAND 電路

●表 5.5　NAND 電路的真值表

輸入		輸出
開關A	開關B	指示燈
0（開）	0（開）	1（亮起）
1（閉）	0（開）	1（亮起）
0（開）	1（閉）	1（亮起）
1（閉）	1（閉）	0（熄滅）

組合OR電路與NOT電路產生的電路稱為NOR電路（反邏輯或電路）。這電路是當所有的輸入都為 0 時，輸出才會是 1。

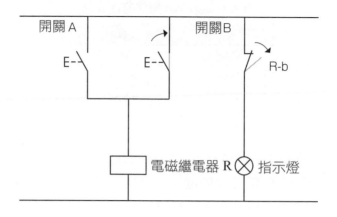

●圖 5.6　NOR 電路

●表 5.6　NOR 電路的真值表

輸入		輸出
開關 A	開關 B	指示燈
0（開）	0（開）	1（亮起）
1（閉）	0（開）	0（熄滅）
0（開）	1（閉）	0（熄滅）
1（閉）	1（閉）	0（熄滅）

邏輯電路的代表圖形符號

在描繪邏輯電路時，一般所使用的是 ANSI（美國國家標準協會）或 JIS 所制定的圖形符號。邏輯圖形符號裡，輸入畫在左側，輸出畫在右側。

●表 5.7　邏輯圖形符號

	ANSI 圖形符號	JIS 圖形符號
AND 電路	輸入 1 / 輸入 2 — 輸出	輸入 1 / 輸入 2 — & — 輸出
OR 電路	輸入 1 / 輸入 2 — 輸出	輸入 1 / 輸入 2 — ≥1 — 輸出
NOT 電路	輸入 — 輸出	輸入1 — 1 — 輸出
NAND 電路	輸入 1 / 輸入 2 — 輸出	輸入 1 / 輸入 2 — & — 輸出
NOR 電路	輸入 1 / 輸入 2 — 輸出	輸入 1 / 輸入 2 — ≥1 — 輸出

註：ANSI圖形符號在過去一般被稱為MIL 符號，現在則列入ANSI規格中。
　　ANSI（American National Standards Institute）美國國家標準協會
　　MIL規格（Military Specifications and Standards）美國軍用規格

使用接點繪製的電路，若改以邏輯圖形符號表示，就能變得比較簡潔。

以具有三個輸入的 AND 電路和 OR 電路為例，以邏輯圖形符號表示時，分別如圖 5.7 及圖 5.8 所示。

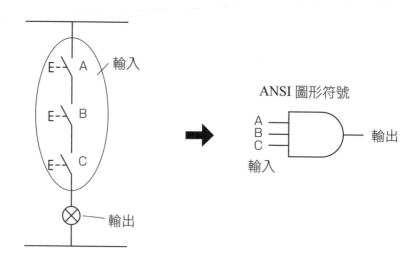

●圖 5.7　具有 3 個輸入的 AND 電路

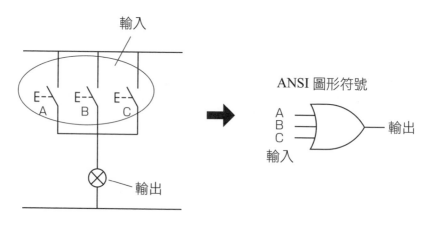

●圖 5.8　具有 3 個輸入的 OR 電路

144

此外，如圖 5.9 般的串並聯電路同樣也能夠藉由組合複數個邏輯圖形符號來繪製（圖 5.10）。

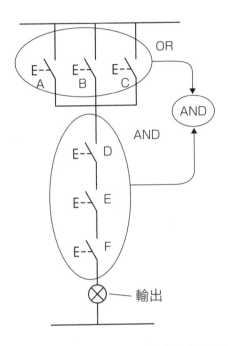

●圖 5.9　具有 6 個開關的串並聯電路

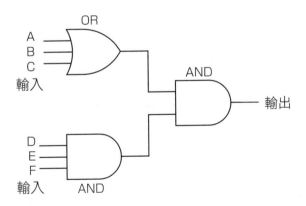

●圖 5.10　以 ANSI 圖形符號繪製的串並聯電路

利用邏輯元件的組合，能夠製作出不同的邏輯電路。

首先，若在NOT電路的輸出再加上NOT電路，雙重否定的結果就是肯定。

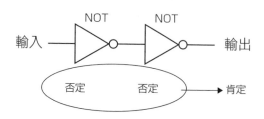

●圖 5.11 NOT 電路與 NOT 電路的組合

NAND 電路是 AND 電路搭配 NOT 而成的電路，而若在 NAND 電路的輸出再加上 NOT電路，便能夠將NAND電路的否定部分抵消掉而產生AND電路。

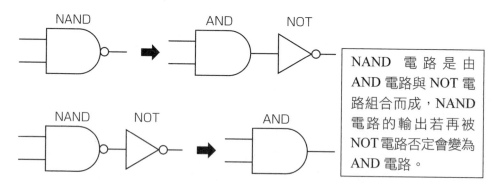

NAND 電路是由 AND 電路與 NOT 電路組合而成，NAND 電路的輸出若再被 NOT電路否定會變為 AND 電路。

●圖 5.12 否定 NAND 電路而變成 AND 電路

利用 NAND 電路製作 NOT 電路。只要將 NAND 電路的輸入接在一起成為一個輸入，就能產生NOT電路。

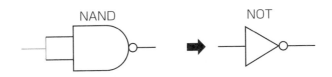

●圖 5.13　利用 NAND 電路製作 NOT 電路

將這個利用NAND電路製作的NOT電路與NAND電路組合起來，就能產生AND電路。

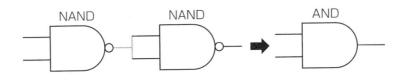

●圖 5.14　利用 2 個 NAND 電路製作 AND 電路

接著，若如下圖所示，組合 3 個NAND電路，就能製作出OR電路。

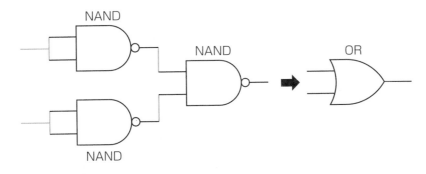

●圖 5.15　利用 3 個 NAND 電路製作 OR 電路

接著，利用這電路搭配同樣以NAND電路製作的NOT電路就能產生NOR電路（圖5.16）。

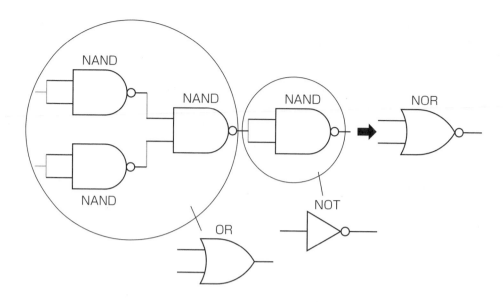

●圖 5.16　利用 4 個 NAND 電路製作 NOR 電路

　　如上述,藉由組合複數個NAND電路,就能製作出AND、OR、NOT、NOR電路。亦即可以說,只要有了 NAND 電路,就能夠製作出任何一種電路。此外,同理,使用NOR電路同樣也能夠製作出AND、OR、NOT、NAND電路來。

第6章
繼電器程序控制的基本電路

呃⋯⋯按鈕開關的話⋯

應該是這樣畫吧？

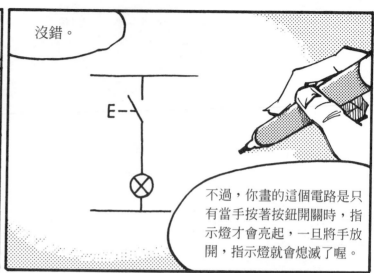

沒錯。

E

不過，你畫的這個電路是只有當手按著按鈕開關時，指示燈才會亮起，一旦將手放開，指示燈就會熄滅了喔。

對喔

搶答鈕應該是就算把手放開，指示燈也不會熄滅才對。

所以，

我們來製作一種叫做自保持電路的電路吧！只要把這電路改變一下。

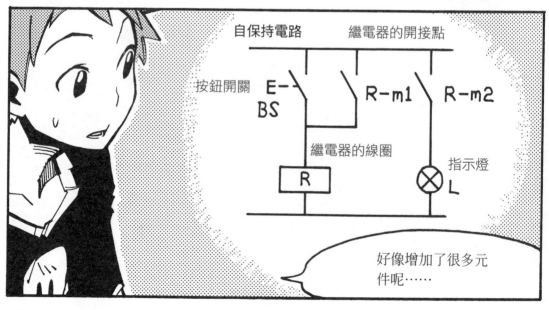

自保持電路　　繼電器的開接點

按鈕開關　E
　　　BS　　　R-m1　　R-m2

繼電器的線圈

R

指示燈
L

好像增加了很多元件呢⋯⋯

152

在這電路裡，當A來賓按下按鈕開關，

電磁繼電器會激磁，

電磁繼電器的開接點R-m1與R-m2就會閉合，在這同時，指示燈會亮起。

① ② ③

按

① E-- BS
R-m1 R-m2
③
R ② ⊗L

激磁？那是什麼啊？

當有電流流過電磁繼電器的線圈時就會變成電磁鐵，而產生電磁力。這就叫激磁。

原來如此。

那…要是A來賓在這激磁的狀態下把手放掉，會怎麼樣？

A

這個時候，開關的接點會斷開，但電流已經經由閉合起來的電磁繼電器的開接點 R-m1，持續流通於電磁繼電器的線圈，所以能夠形成自保持狀態。

放

自保持電路

E——BS R-m1 R-m2

R L

啊——
電磁繼電器藉由流通於自己的接點的電流來維持住自己的動作狀態，所以能夠讓指示燈一直亮著！

點頭

這種電路，

就叫「自保持電路」，

是在程序控制裡非常重要的一種電路。

154

咦？

不對呀…照這樣說來，指示燈不就永遠都不會熄滅了不是嗎？

沒錯！

指示燈的熄滅電路

嗯…

要讓指示燈熄滅，就必須解除電磁繼電器的自保持狀態才行。

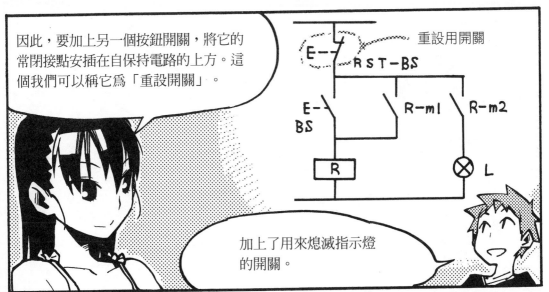

因此，要加上另一個按鈕開關，將它的常閉接點安插在自保持電路的上方。這個我們可以稱它爲「重設開關」。

重設用開關

E→ RST-BS

E→ BS　　R-m1　R-m2

R　　⊗ L

加上了用來熄滅指示燈的開關。

只要按下熄滅指示燈用的按鈕，

常閉接點便會斷開，流向電磁繼電器與指示燈的電流就會同時被遮斷，電路便回復到初始狀態。

啪嘰

按下這個開關，將電流遮斷

這樣就能讓指示燈熄滅了！

● 有兩位答題者時

那麼，我們回到這電路原本的用途來思考，也就是有兩位答題者時該怎麼辦？

搶答鈴對吧！

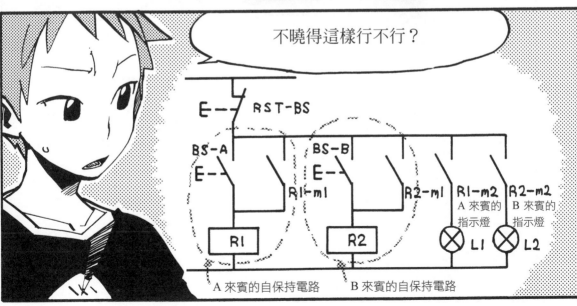

畫好了是嗎，這電路的話…

如果是只有其中一人按下按鈕開關，就可以知道是誰按的，

但如果兩個人幾乎同時按下按鈕，這時兩個人的指示燈都會亮起，就沒辦法知道是誰先按的。

咦？

確實如此呢…

因此，

要將A來賓的電磁繼電器R1 的常閉接點安插在最接近B來賓的電磁繼電器R2 的線圈的上方。①

同樣地，將 B 來賓的電磁繼電器R2 的常閉接點安插在最接近 A 來賓的電磁繼電器 R1 的線圈的上方。②

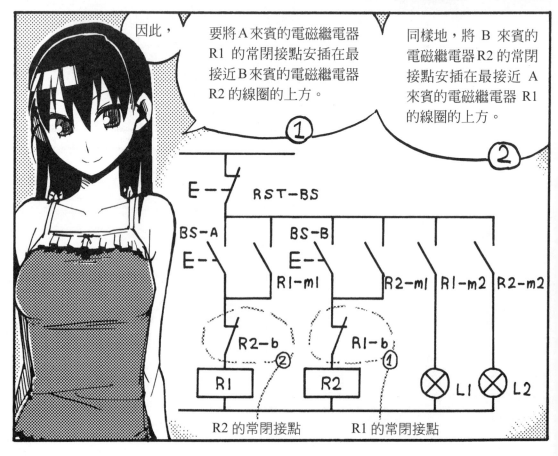

R2 的常閉接點 R1 的常閉接點

158

在這個電路裡，

較快按下按鈕的那一方的電磁繼電器會先作動，形成自保持。同時呢，安插在對方的電磁繼電器上方的常閉接點會斷開，藉此便能阻止對方的電磁繼電器的動作。

嗯！

這樣就算雙方幾乎同時按下按鈕，也能夠明確地判別出來是誰先按的！

亮

A

像這樣子能夠防止其他動作發生的電路，叫作「聯鎖電路*」。

為了達成這功能而安插的常閉接點則叫作「聯鎖接點」。

*審訂註：聯鎖電路一般也稱爲「互鎖電路」。

有三位答題者時

最後，來想想答題者有三位時的情形！

嗯……

多了 C 來賓。

在剛剛的電路裡再增加一人份的元件就可以了吧？

並沒有那麼單純哦。

先針對 A 來賓想一想吧！

A 來賓

好～的！

假如第一個按的人是 A 來賓，

那麼只要將 A 來賓的電磁繼電器的常閉接點安插在 B 來賓、C 來賓各自的電磁繼電器 R2、R3 的上方，那麼不管之後他們兩個再怎麼按……

兩個人的指示燈也不會亮起！

嗯！

B 來賓和 C 來賓的
部分是不是也弄成
一樣就可以？

是呀！

將 B 來賓的電磁繼電器 R2 的常閉接點安插
在 R1 及 R3 的上方，再將 C 來賓的電磁繼電
器 R3 的常閉接點安插在 R1 及 R2 的上方，

這時，安插在各電磁繼電器上方的
兩個常閉接點是串聯連接的。

這樣就完成了不管是誰按了按鈕，只有最
先按的那個人的指示燈才會亮的電路！

● 時序圖是？

可是，電路一變得複雜，光是思考它的控制流程就令人一個頭兩個大呢！

沒錯！

因此，會配合使用一種叫「時序圖」的東西，這種圖是以圖形表示各個元件隨著時間經過的動作。

使用圖來思考嗎？

在繪製時序圖時，元件是位於縱軸，而各元件的橫軸則是時間軸，以圖形的升降來表示元件的動作狀態。

電磁繼電器和指示燈等動作時是以升起的圖形來表示。

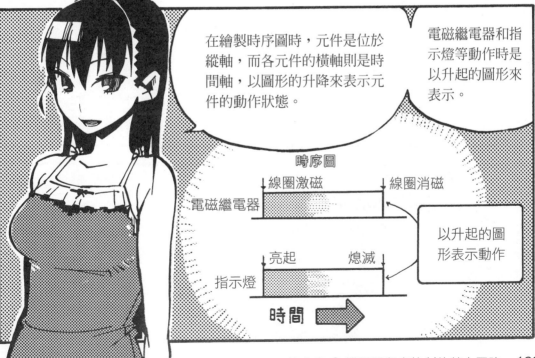

時序圖

線圈激磁　　　　線圈消磁

電磁繼電器

以升起的圖形表示動作

亮起　　　　熄滅

指示燈

時間 ⇨

呃……
這是說，

在動作的進行期間畫上圖形的意思嗎？

沒錯！

此外，

在繪製按鈕開關等的接點動作時，接點閉合期間的表示方式是將該期間畫成升起的圖形。

繪製接點的動作

↓ 按著開關

BS

開　　閉　　開

BS-m

開關的開接點

閉　　開　　閉

BS-b

開關的常閉接點

另外，

接點的動作發生時，從開始到完成

只需要極短暫的作動時間。

極短暫的時間

164

如果我們在描繪時也將這一極短暫的時間納入考量，

圖形的邊緣就不會是垂直地升起和降下，而會畫成斜邊。

考量接點動作的延遲時間

動作完成　　　　　復歸動作開始

接點

復歸動作完成

接點動作的
延遲時間

欸～

機械的動力來源常會使用構造比較簡單的三相感應馬達。

電源則是使用三相交流。

…

三相？
那是什麼？

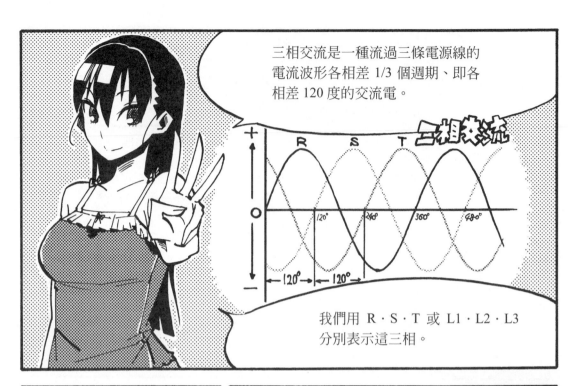

三相交流是一種流過三條電源線的電流波形各相差 1/3 個週期、即各相差 120 度的交流電。

我們用 R・S・T 或 L1・L2・L3 分別表示這三相。

呃—有點聽不懂……

這不是短時間就能詳細說清楚的東西，

這裡你就先記得有三相交流這東西，而它是一種很常用的動力用電源。

我知道了！

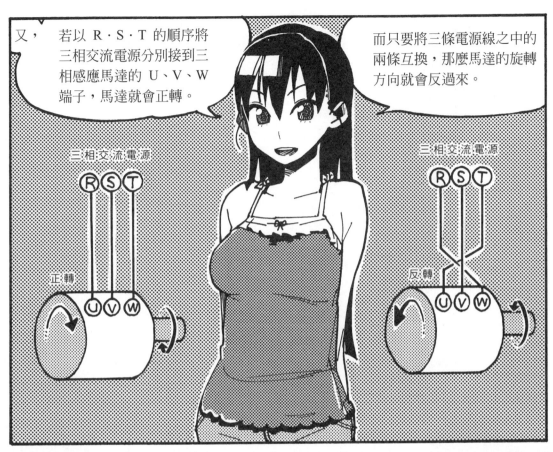

又，若以 R‧S‧T 的順序將三相交流電源分別接到三相感應馬達的 U、V、W 端子，馬達就會正轉。

而只要將三條電源線之中的兩條互換，那麼馬達的旋轉方向就會反過來。

三相交流電源

Ⓡ Ⓢ Ⓣ

正轉

Ⓤ Ⓥ Ⓦ

三相交流電源

Ⓡ Ⓢ Ⓣ

反轉

Ⓤ Ⓥ Ⓦ

若改變連接方式，馬達的旋轉也會跟著改變呢。

使用程序控制電路切換三相感應馬達的正轉、反轉時，需要使用兩個電磁繼電器來切換配線。

是這樣啊——

是的。

要正轉時，使用正轉用電磁繼電器，讓 R‧S‧T的電源分別連接到 U、V、W 的端子。

要反轉時，則使用反轉用電磁繼電器，讓三條電源線之中的兩條互換。

此外，

萬一正轉用電磁繼電器與反轉用電磁繼電器同時動作了，三相交流電路就會發生短路，

所以一定要使用聯鎖電路來避免兩個電磁繼電器同時動作。

聯鎖電路真的很重要呢！

點頭…

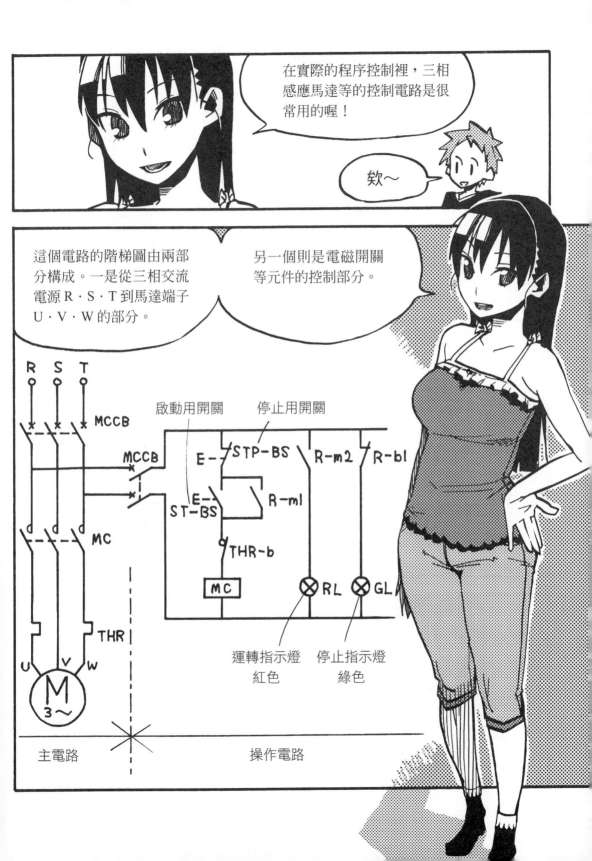

在實際的程序控制裡，三相感應馬達等的控制電路是很常用的喔！

欸～

這個電路的階梯圖由兩部分構成。一是從三相交流電源 R·S·T 到馬達端子 U·V·W 的部分。

另一個則是電磁開關等元件的控制部分。

R S T

MCCB

MCCB

啟動用開關

停止用開關

E-- STP-BS R-m2 R-bl

E-- R-ml

ST-BS

THR-b

MC RL GL

運轉指示燈 紅色

停止指示燈 綠色

MC

THR

U V W

M 3～

主電路

操作電路

在這張圖裡，三相交流電源到馬達的配線部分稱為「主電路」。

而控制電磁開關和指示燈等的部分，則稱為「操作電路」或「控制電路」。

了解！

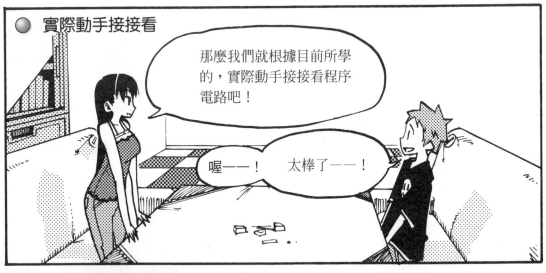

● 實際動手接接看

那麼我們就根據目前所學的，實際動手接接看程序電路吧！

喔——！

太棒了——！

光看階梯圖的圖面，會覺得配置電路或許並沒有那麼困難。

然而在實際進行實物與元件的配線時，往往會因為端子等位置與階梯圖裡所畫的不一樣，反而讓人搞不清楚。

嗯～

這點得留意一下才行。

感覺好像烹飪節目哦！

好像會出現「我們要在這裡接電路～」這種台詞！

陰鬱 陰鬱

並不會……

是…。

正經一點吧！這次會使用斷路器，避免電源發生短路時造成危險。

入

電源是從 L1、L2 端子接入的。

呃…

並沒有特別規定要先接哪個才行。我們先將用來與插座連接的插頭接到斷路器，再將電源接到端子 L2。

電線與端子 L2 連接……

R-m2

R

A2

172

這條要接到電磁繼電器對吧？

沒錯。

把它連接到電磁繼電器的 A2 端子…

①

接著，再從 A2 端子連接到指示燈。

②

配線 其一

按鈕開關開接點

好了，接好了！

電源端子

L1

L2

①

A1　A2

電磁繼電器

R-m1

R-m2

指示燈

②

電磁繼電器的線圈端子

再來，

從電源端子L1連接至按鈕開關的右側端子，

③

再從那裡連接至電磁繼電器的開接點Rm-1的上側端子。

④

174

那麼，將開關裝到盒子裡，這樣會比較好按。然後請將電源插上。

好！

插！

來按看看開關吧！

啟動裝置！

喀嗒！

指示燈亮了！

亮了呢！

亮——！

恭喜你！

這次的配線初體驗很成功唷！

不過，

確實如妳所說，就算是簡單的階梯圖，在實際進行接線時，仍會因爲端子位置等的不同而摸著不頭緒呢——。

亮

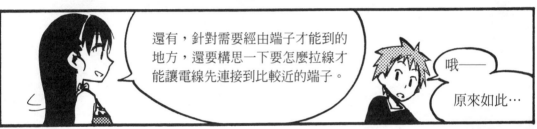

還有，針對需要經由端子才能到的地方，還要構思一下要怎麼拉線才能讓電線先連接到比較近的端子。

哦——

原來如此…

例如，

從電路的電性來看，從電源端子 L2 連接到電磁繼電器 A2，再從電磁繼電器連接到指示燈右側端子的配線，

也是可以先從電源端子 L2 連接到指示燈右側端子，再從指示燈右側端子連接到電磁繼電器 A2。然而…

L2

A2

L2

A2

後者的方式，　　　　　　會比前者多用了從電磁繼電器 A2 到指示燈右側端子這個長度的電線。

多用的！

眞的呢！

配線的連接方法會影響到電線的使用量，

還有可能會使配線變得雜亂無章呢。

點頭

雖然階梯圖的配線是種邊看著階梯圖邊進行的反覆性單純作業，

但是在進行配線作業時還必須考慮到器具在階梯圖裡的配置與實際上的配置的不同。

我明白了！

● 電梯的基本電路

最後呢，就來說明電梯的程序控制吧…

哦—！！終於要說到電梯了！

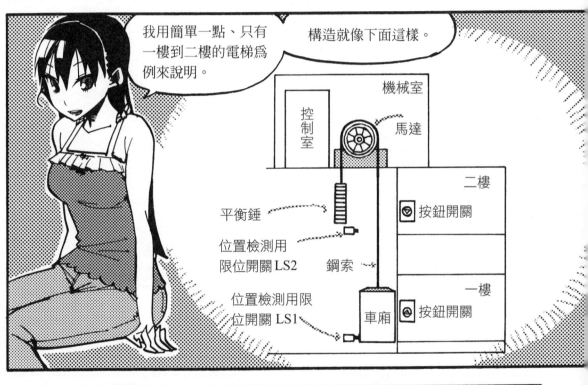

我用簡單一點、只有一樓到二樓的電梯為例來說明。

構造就像下面這樣。

機械室

控制室

馬達

二樓

● 按鈕開關

平衡錘

位置檢測用限位開關 LS2

鋼索

位置檢測用限位開關 LS1

車廂

一樓

● 按鈕開關

這棟公寓的電梯也是同樣的構造嗎？

基本上是一樣的。我們就以這個例子來說明電梯的程序控制的概要。

例如，當電梯位於二樓時，按下一樓的按鈕開關 BS1 後，馬達就會開始運轉，使電梯下降。

等電梯降到了一樓，位置檢測用限位開關 LS1 就會檢測到電梯到了，而使馬達的運轉停止。

如果只聽這些，會讓人覺得電梯的動作還真是出乎意料的單純呢！

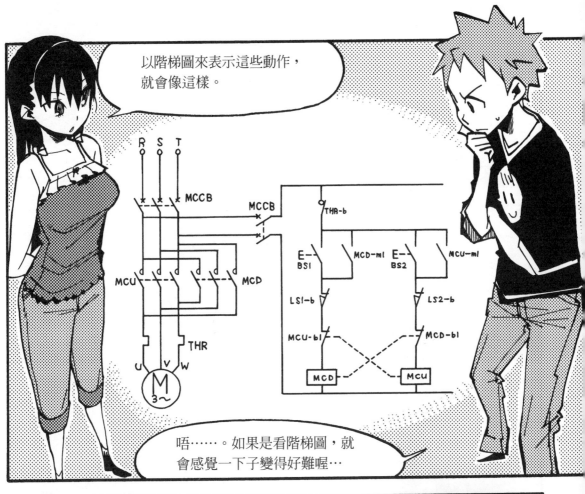

以階梯圖來表示這些動作，就會像這樣。

唔……。如果是看階梯圖，就會感覺一下子變得好難喔…

而且，實際上，電梯的運作也沒有那麼單純。

比方說，只有當車廂和各樓層的門都是關著的時候，馬達才會運轉。

…

欸

這些在實際上都是需要非常複雜的控制。

還有，在到達目的地樓層之前要減低馬達的速度等等…

欸～ 那想把電梯修好不就還有好長的一段路？

是的…外行人想要掌握電梯的控制基板，本來就是不可能的事。

真的嗎！

嗯

這樣的話…那不就…

但是，我會叫電梯廠商來修理的！

等電梯修好後…我想和你一起到外面…

好、一起去吧！

嗯！

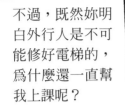

不過，既然妳明白外行人是不可能修好電梯的，為什麼還一直幫我上課呢？

那是因為只要我教你程序控制，你就會來找我⋯

臉紅

那是

就算房東妳不教我，只要妳願意，我就會來玩的啊！

咦!?

不

嘻嘻嘻⋯

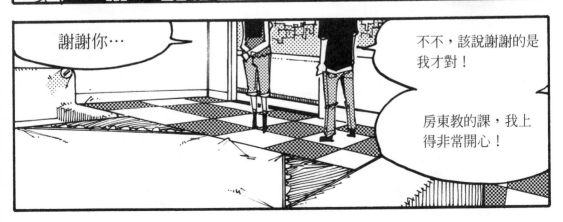

謝謝你⋯

不不，該說謝謝的是我才對！

房東教的課，我上得非常開心！

呵呵呵…你到現在還是稱呼我為房東呢…

我的名字是森日歧子。

啊哈哈！是這樣沒錯呢！

我也有個很響亮的名字，叫恩節海！

阿海…

小日！

你叫我小日嗎…

啊

不可以…嗎？

第**6**章　延伸閱讀

● 基本電路與時序圖

如圖 6.1 所示，在指示燈與按鈕開關連接的電路中，指示燈只會在按下按鈕開關時亮起，手一旦離開了按鈕，指示燈就會熄滅。

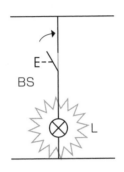

●圖 6.1　按鈕開關與指示燈

如圖 6.2 所示，增設一電磁繼電器，以與按鈕開關的接點並聯的方式連接電磁繼電器的開接點。在這電路裡，一按下按鈕開關，電磁繼電器便會作動，使電流流通電磁繼電器的開接點R-m1，因此就算手離開了按鈕，電磁繼電器也能夠維持在激磁狀態。

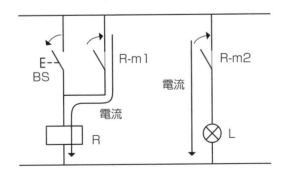

●圖 6.2　自保持電路

這種靠著自身的接點維持動作的電路就稱為自保持電路，是一種在從手動控制轉換成自動控制時能夠發揮重要功用的電路。

要讓處於自保持狀態的電路回復為初始狀態，就必須遮斷電磁繼電器的激磁電流。例如，可以再增設一個按鈕開關，利用它的常閉接點來遮斷電流，如此就能使電路回復到初始狀態。在圖 6.3 中是將常閉接點安插在電源的部分，但也能夠安插在電磁繼電器線圈的上方，兩種做法都能夠解除自保持狀態。

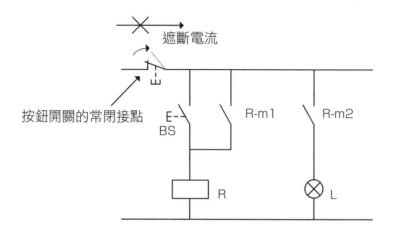

●圖 6.3 自保持電路的解除

圖 6.4 的順序圖具有兩組自保持電路，各電磁繼電器的常閉接點分別與另一電磁繼電器的線圈連接，如此一來就只有先按下開關的自保持電路會作動，後按下開關的電路則不會作動。像這樣禁止另外一方發生動作的電路稱為聯鎖電路。

聯鎖電路用於複數個相關聯的裝置間，防止裝置同時作動發生錯誤等。聯鎖的名稱源自「鎖上內鎖」之意。

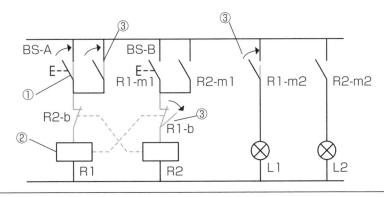

加上聯鎖，防止電磁繼電器 R1 與 R2 同時作動的電路
動作① 按下按鈕開關 BS-A。
動作② 電磁繼電器 R1 激磁。
動作③ R1-m1 閉合，R1 做自保持。R1-m2 閉合，指示燈 L1 亮起，
　　　 R1-b 斷開。在此狀態下，就算按下按鈕開關 BS-B，電磁繼
　　　 電器 R2 也不會作動。

●圖 6.4　聯鎖電路

　　關於順序電路的動作，一般而言，各元件的動作是隨著時間進行，而將那些動作
與時間的關係予以圖形化而成的圖稱為時序圖。藉由繪製時序圖，我們便能夠經由雙
眼確認各元件的動作關係。

　　時序圖的橫軸是時間軸，並以升起的圖形來表示元件正處於動作區間。例如，圖
6.5 的「按下按鈕開關，電磁繼電器做自保持，指示燈亮起」之電路，若以時序圖來表
示會如下頁的圖 6.6。

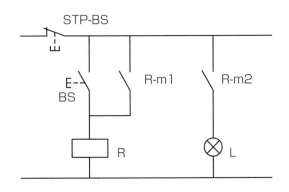

●圖 6.5　以自保持電路點亮指示燈的電路

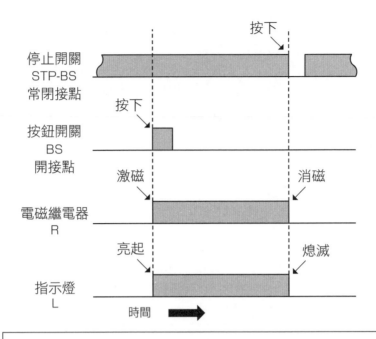

按下按鈕開關 BS，電磁繼電器 R 便會激磁，指示燈 L 亮起。
按下停止用開關 STP-BS，電磁繼電器 R 便會消磁，指示燈 L
熄滅。

●圖 6.6　自保持電路的時序圖

　　開關的接點和電磁繼電器的接點在動作時，只需要極短暫的時間來完成這些動作。
若在時序圖上必須表現出這一短暫的時間，圖形的邊緣就不會是垂直的升起和降下，
而是會畫成稍微傾斜的斜邊。

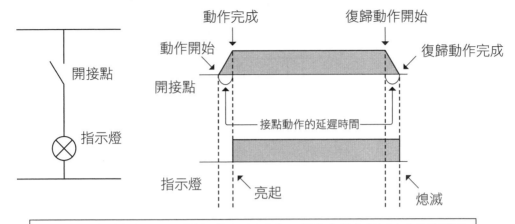

由於開接點動作出現了短暫的延遲，造成指示燈的亮起與熄滅也有極短暫的延遲。

●圖 6.7　接點動作的延遲時間

使用計時器的定時動作電路

　　圖 6.8 的電路是一個使用電磁繼電器與計時器的定時動作電路。按下按鈕開關BS，電磁繼電器便會做自保持，同時計時器也開始計時的動作，等經過了所設定的時間，計時器的開接點便會閉合，顯示燈也會亮起。

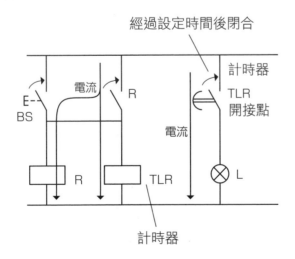

●圖 6.8　使用計時器的定時動作電路

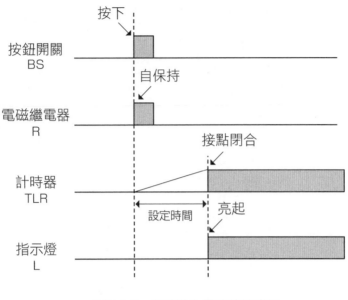

●圖 6.9　定時動作電路的時序圖

次序動作電路

　　圖 6.10 的電路裡有三組自保持電路，想讓三組電路都動作，一定要照著A、B、C的次序按下按鈕開關才行。這樣的電路稱為次序動作電路，用於必須讓複數個機械裝置依規定的次序作動的場合。

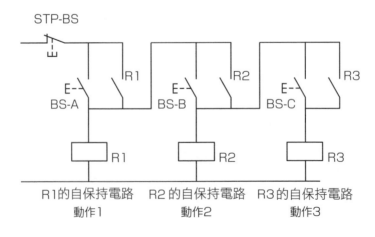

●圖 6.10　次序動作回路

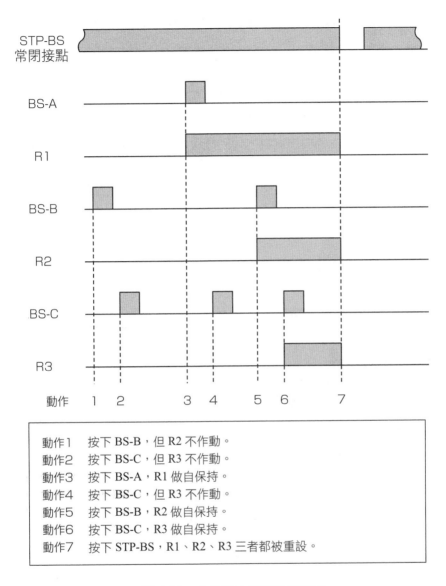

STP-BS 常閉接點						
BS-A						
R1						
BS-B						
R2						
BS-C						
R3						

動作　1　2　　3　4　　5　6　　7

動作1　按下 BS-B，但 R2 不作動。
動作2　按下 BS-C，但 R3 不作動。
動作3　按下 BS-A，R1 做自保持。
動作4　按下 BS-C，但 R3 不作動。
動作5　按下 BS-B，R2 做自保持。
動作6　按下 BS-C，R3 做自保持。
動作7　按下 STP-BS，R1、R2、R3 三者都被重設。

●圖 6.11　次序動作電路的時序圖

電磁繼電器的順序電路常使用在馬達的運轉控制中。在馬達控制電路裡會使用到一種稱為電磁開關的控制元件。電磁開關是由電磁接觸器與積熱電驛（熱動過電流繼電器）組合而成，其中的積熱電驛內部設有在過負載時會將迴路切斷的接點。當馬達過負載時，流通的電流會令積熱電驛內部的雙金屬片受熱彎曲，使接點作動。等到裝置的故障修好後，再手動將處於作動狀態的接點復原。

積熱電驛的常閉接點應用在將裝置停止的場合，開接點則應用在點亮故障指示燈等的場合。

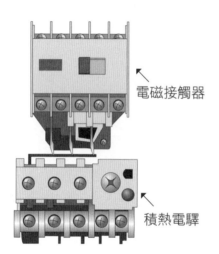

電磁接觸器

積熱電驛

電磁接觸器與積熱電驛
結合成一體，稱為電磁
開關。

●圖 6.12　電磁開關

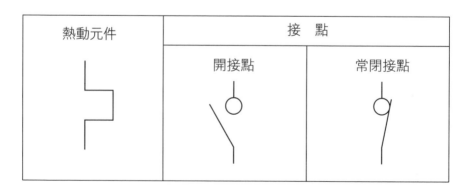

●圖 6.13　積熱電驛的圖形符號

圖 6.14 的電路是一個使用電磁開關控制三相感應馬達的運轉、停止之電路。左側從三相交流電源到三相感應馬達的部分稱為主電路，右側電磁開關等的操作部分稱為操作電路或控制電路。

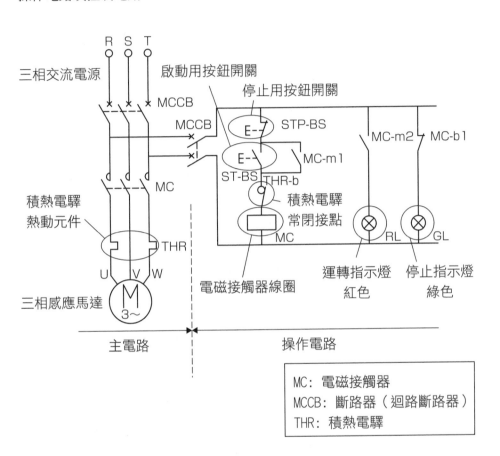

●圖 6.14　馬達的運轉停止電路

　　在這電路裡，一按下啟動用按鈕開關ST-BS，電磁接觸器MC便會進入自保持，馬達開始運轉，運轉指示燈亮起，而停止指示燈會熄滅。在這樣的狀態下若按下停止用按鈕開關STP-BS，流向電磁接觸器的電流便會被遮斷，使馬達進入停止狀態。此外，若馬達進入過負載狀態，由於熱動元件積熱電驛發揮作用，積熱電驛的常閉接點會斷開，使馬達進入停止狀態。

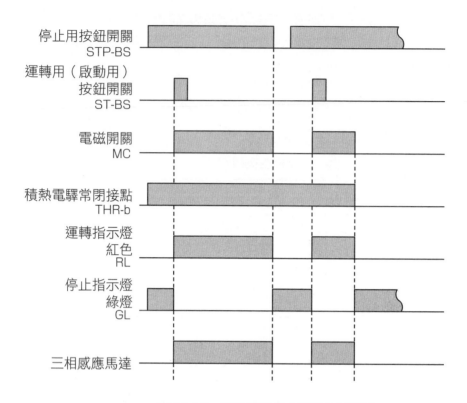

●圖 6.15　馬達轉轉停止電路的時序圖

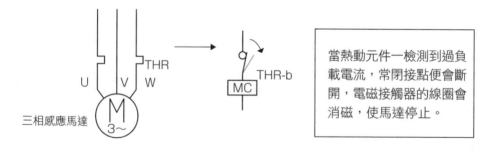

當熱動元件一檢測到過負載電流，常閉接點便會斷開，電磁接觸器的線圈會消磁，使馬達停止。

●圖 6.16　積熱電驛的動作

一星期後，廠商維修人員修好了電梯。

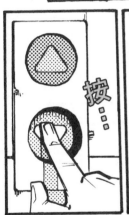

按…

aT

那麼，我們走吧！

點頭

喀啷～～～

6F

緊抓

外面…

沒事吧？

嗯。

espoir…

這棟公寓的名字是「希望」呢。

…但

握…

希望這東西，我曾經失去了好多年…

● 索引 ●

英文

AC 30

Alternating Current 30

AMSI .... 130、143

AND電路 ...... 125、131、139、144、146

AND電路的真值表 125

arbeit 23

a接點 23

break contact .... 24、32

BS .... 96、106

Button Switch .... 96、106

b接點 24

change-over contact .... 25、32

COM 33

common terminal 33

common端子 33

c接點 25

DC 30

I動作 54

JEMA 106

JEM規格 .... 106、108

JIS .... 23、28

Make contact 32

MC 193

NAND電路 .... 141、146

Normally closed contact 33

Normally open contact 32

NOR電路 .... 141、147

NOT電路 .... 129、140

NOT電路的真值表 129

Offset 54

on-off control 53

OR電路 ...... 126、131、139、144、147

OR電路的真值表 127

Parachute effect 70

PID動作 55

PI動作 54

ST 106

Start 106

ST-BS .... 97、106、193

STP-BS 193

Transfer contanct 33

二劃

二元信號 .... 121、138

三劃

三相交流 166

三相感應馬達 169

四劃

切換接點 .... 25、32、33

切換開關 77

反饋控制 ...... 44、46、49、52

反邏輯和電路 141

反邏輯或電路 ……………………… 141
手動控制 ………………14、15、22、28
日本工業規格 ……………………… 23
日本電機工業會 …………………… 105
比例積分動作 ……………………… 54

五劃

水位開關 …………………………… 51
主電路 ……………………………… 170

六劃

交流 …………………………… 79、30
光電開關 …………………………… 79
光電開關的圖形符號 ……………… 80
全自動洗衣機 ……………… 43、49
共用端子 …………………………… 33
有接點 ……………………………… 123
次序動作電路 ……………………… 190
次序控制 …………………… 43、52
自保持電路 ………… 152、154、186
自保持電路的時序圖 ……………… 188
自動明滅器 ……………… 15、16、29
自動控制 …………14、15、22、28、49

七劃

位置參考法 ………………… 100、109
位置檢測開關的 JIS 圖形符號 …… 65

八劃

使用計時器的定時動作電路……… 189
定時控制 …………………… 43、50

定時開關 …………………………… 29
延時動作瞬時復歸接點69、71、83、84
延時動作瞬時復歸接點的圖形符號 84
直流 ………………………………… 19
空調 ………………………………… 52

九劃

按鈕開關 …………………… 60、185
按鈕開關的接點圖形符號 ………… 75
指令用元件 ………………………… 75
指示燈 ……………………… 87、185
指示燈的圖形符號 ………………… 87
故障原因 …………………………… 114
美國國家標準協會 ………………… 130
致動器 ……………………… 64、78
計時器 ……………………… 68、83
計時器的代表 JIS 圖形符號………… 69
計時器的動作 ……………………… 69
計時器的圖形符號 ………………… 83
負載 ………………………… 18、105
負載電阻 …………………………… 19
限位開關 …………………… 65、78
限定圖形符號 ……………………… 86
降落傘效應 ………………………… 70

十劃

時序圖 ……………………… 163、187
真值表 ……………………… 121、138
迴路編號參考法 …………… 100、109
迴路斷路器 ………………………… 85

十一劃

停止用按鈕開關 ················ 193

常閉接點 ·············· 24、32、33

常開接點 ···················· 32

控制 ··················· 14、27

控制用元件 ················ 15

控制電路 7、17、18、130、170、193

控制操作用元件 ·············· 80

接點 ······················ 21

掀動開關 ···················· 61

啟動用按鈕開關 ·············· 193

條件成立 ···················· 51

條件控制 ················ 43、51

硫化鎘元件 ·················· 28

連接的表示方式 ·············· 98

閉電路 ···················· 93

十二劃

程序控制 ··············· 7、41、49

殘留偏差 ···················· 54

無接點 ···················· 123

開接點 ················ 23、32

開閉控制 ···················· 53

階梯圖 ·············· 92、105、111

十三劃

微分動作 ···················· 55

微動開關 ················ 64、65

微動開關‧限位開關的接點圖形符號

··· 79

搖頭開關 ················ 61、77

搖頭開關‧切換開關的接點圖形符號

··· 77

搖頭開關的JIS符號 ·········· 62

溫度感測器 ·················· 45

蜂鳴器 ···················· 88

蜂鳴器‧警鈴的圖形符號 ······ 88

電弧放電 ···················· 34

電阻 ······················ 18

電流 ······················ 19

電氣迴路 ···················· 17

電梯 ·················· 49、179

電極 ······················ 21

電源 ······················ 18

電路 ······················ 17

電磁接觸器 ············ 67、193

電磁接觸器的代表圖形符號 ··· 67、82

電磁開關 ···················· 192

電磁繼電器 ······ 66、67、81、185

電磁繼電器的圖形符號 ········ 82

電磁繼電器的構造 ············ 81

電壓 ······················ 18

十四劃

端子符號 ···················· 109

網格參考法 ··············· 100、109

十五劃

數位 ·············· 118、120、138

數位電路 ……………………… 120
歐姆定律 ……………………… 19
熱動過電流繼電器 …………… 192

十六劃

操作電路 ……………… 170、193
操作機構圖形符號 …………… 76
橫繪式 ………………… 94、105
積分動作 ……………………… 54
積熱電驛 ……………………… 192
積熱電驛的圖形符號 ………… 192
選擇開關 ……………… 63、78
選擇開關的JIS圖形記號 …… 63、78

十七劃

檢測用元件 …………………… 78
瞬時動作延時復歸接點 … 71、83
瞬時動作延時復歸接點的圖形符號 84
縱繪式 ………………… 94、105

聯鎖 …………………………… 186
聯鎖接點 ……………………… 159
聯鎖電路 ………… 159、168、186

十八劃

雙位控制 ……………………… 53
雙金屬片 ……………… 22、28

二十劃

警鈴 …………………………… 88

二十三劃

變壓器 ………………………… 20
邏輯否電路 …………… 129、140
邏輯和電路 …………… 125、139
邏輯或電路 …………… 126、139
邏輯電路 ……………… 122、146
邏輯電路圖形符號 …………… 130

國家圖書館出版品預行編目資料

世界第一簡單程序控制 / 藤瀧和弘作；陳銘博譯.
-- 初版. -- 新北市：世茂, 2012.12
面； 公分. --（科學視界 ; 150）

ISBN 978-986-6097-72-0（平裝）

1. 自動控制　2. 程序控制　3. 漫畫

448.9　　　　　　　　　　　101017882

科學視界 150

世界第一簡單程序控制

作　　者／藤瀧和弘
審 訂 者／葉隆吉
譯　　者／陳銘博
主　　編／簡玉芬
責任編輯／楊玉鳳
出 版 者／世茂出版有限公司
負 責 人／簡泰雄
地　　址／（231）新北市新店區民生路 19 號 5 樓
電　　話／（02）2218-3277
傳　　真／（02）2218-3239（訂書專線）
　　　　　（02）2218-7539
劃撥帳號／19911841
戶　　名／世茂出版有限公司　單次郵購總金額未滿 500 元（含），請加 50 元掛號費
酷 書 網／www.coolbooks.com.tw
排版製版／辰皓國際出版製作有限公司
印　　刷／世和彩色印刷有限公司
初版一刷／2012 年 12 月
　　二刷／2019 年 2 月

ISBN ／ 978-986-6097-72-0
定　　價／ 320 元

Original Japanese edition
Manga de Wakaru Sequence Seigyo
By Kazuhiro Fujitaki and TREND · PRO
Copyright © 2008 by Kazuhiro Fujitaki and TREND · PRO
published by Ohmsha, Ltd.
This Chinese Language edition co-published by Ohmsha, Ltd. and Shy Mau Publishing Company
Copyright © 2012
All rights reserved.